Objectif BAC

# FICHES

2nde

CW01623904

# Maths

Dominique DEJEAN

Professeure agrégée en lycée
Ingénieur civil des Mines de Paris

hachette
ÉDUCATION

# Pour réviser efficacement !

## Des fiches synthétiques et complètes

Des fiches pratiques à emporter partout.

Le cours, clairement présenté.

Le corrigé détaillé de tous les exercices.

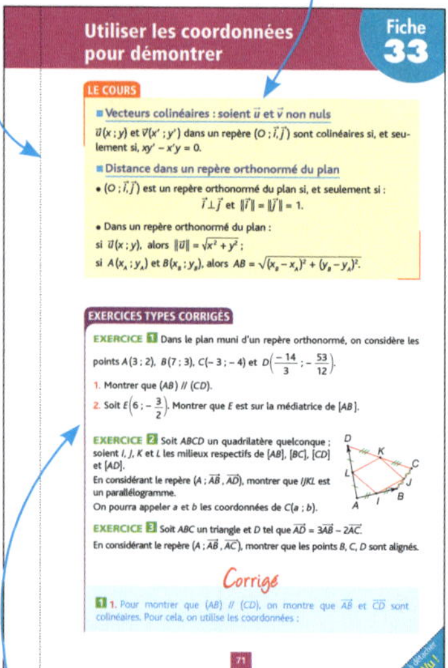

## Utiliser les coordonnées pour démontrer

Fiche 33

LE COURS

**Vecteurs colinéaires : soient $\vec{u}$ et $\vec{v}$ non nuls**

$\vec{u}(x\,;y)$ et $\vec{v}(x'\,;y')$ dans un repère $(O\,;\vec{i},\vec{j})$ sont colinéaires si, et seulement si, $xy' - x'y = 0$.

**Distance dans un repère orthonormé du plan**

- $(O\,;\vec{i},\vec{j})$ est un repère orthonormé du plan si, et seulement si : $\vec{i} \perp \vec{j}$ et $\|\vec{i}\| = \|\vec{j}\| = 1$.
- Dans un repère orthonormé du plan :
si $\vec{u}(x\,;y)$, alors $\|\vec{u}\| = \sqrt{x^2+y^2}$ ;
si $A(x_A\,;y_A)$ et $B(x_B\,;y_B)$, alors $AB = \sqrt{(x_B-x_A)^2+(y_B-y_A)^2}$.

EXERCICES TYPES CORRIGÉS

EXERCICE 1 Dans le plan muni d'un repère orthonormé, on considère les points $A(3\,;2)$, $B(7\,;3)$, $C(-3\,;-4)$ et $D\left(\frac{-14}{3}\,;-\frac{53}{12}\right)$.

1. Montrer que $(AB)\,//\,(CD)$.
2. Soit $E\left(6\,;-\frac{3}{2}\right)$. Montrer que $E$ est sur la médiatrice de $[AB]$.

EXERCICE 2 Soit $ABCD$ un quadrilatère quelconque ; soient $I$, $J$, $K$ et $L$ les milieux respectifs de $[AB]$, $[BC]$, $[CD]$ et $[AD]$.
En considérant le repère $(A\,;\overrightarrow{AB},\overrightarrow{AD})$, montrer que $IJKL$ est un parallélogramme.
On pourra appeler $a$ et $b$ les coordonnées de $C(a\,;b)$.



EXERCICE 3 Soit $ABC$ un triangle et $D$ tel que $\overrightarrow{AD} = 3\overrightarrow{AB} - 2\overrightarrow{AC}$.
En considérant le repère $(A\,;\overrightarrow{AB},\overrightarrow{AC})$, montrer que les points $B$, $C$, $D$ sont alignés.

Corrigé

1 1. Pour montrer que $(AB)\,//\,(CD)$, on montre que $\overrightarrow{AB}$ et $\overrightarrow{CD}$ sont colinéaires. Pour cela, on utilise les coordonnées :

71

à détacher Vu !

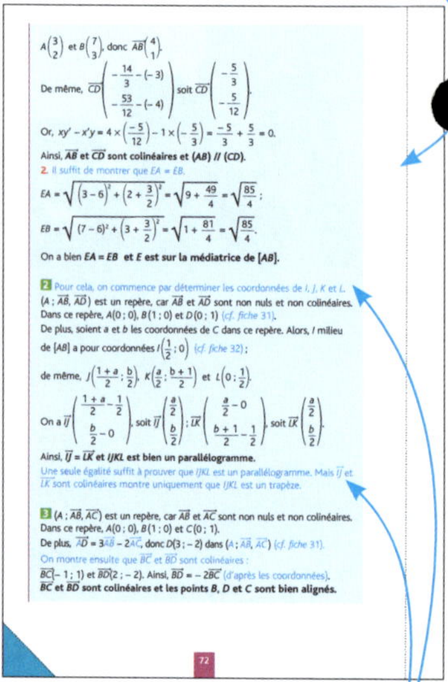

$A\begin{pmatrix}3\\2\end{pmatrix}$ et $B\begin{pmatrix}7\\3\end{pmatrix}$, donc $\overrightarrow{AB}\begin{pmatrix}4\\1\end{pmatrix}$.

De même, $\overrightarrow{CD}\begin{pmatrix}-\frac{14}{3}-(-3)\\-\frac{53}{12}-(-4)\end{pmatrix}$ soit $\overrightarrow{CD}\begin{pmatrix}-\frac{5}{3}\\-\frac{5}{12}\end{pmatrix}$.

Or, $xy' - x'y = 4\times\left(\frac{-5}{12}\right) - 1\times\left(-\frac{5}{3}\right) = \frac{-5}{3} + \frac{5}{3} = 0$.

**Ainsi, $\overrightarrow{AB}$ et $\overrightarrow{CD}$ sont colinéaires et $(AB)\,//\,(CD)$.**

2. Il suffit de montrer que $EA = EB$.

$EA = \sqrt{(3-6)^2+\left(2+\frac{3}{2}\right)^2} = \sqrt{9+\frac{49}{4}} = \sqrt{\frac{85}{4}}$ ;

$EB = \sqrt{(7-6)^2+\left(3+\frac{3}{2}\right)^2} = \sqrt{1+\frac{81}{4}} = \sqrt{\frac{85}{4}}$.

On a bien **$EA = EB$ et $E$ est sur la médiatrice de $[AB]$.**

2 Pour cela, on commence par déterminer les coordonnées de $I$, $J$, $K$ et $L$.
$(A\,;\overrightarrow{AB},\overrightarrow{AD})$ est un repère, car $\overrightarrow{AB}$ et $\overrightarrow{AD}$ sont non nuls et non colinéaires.
Dans ce repère, $A(0\,;0)$, $B(1\,;0)$ et $D(0\,;1)$ (cf. fiche 31).
De plus, soient $a$ et $b$ les coordonnées de $C$ dans ce repère. Alors, $I$ milieu de $[AB]$ a pour coordonnées $I\left(\frac{1}{2}\,;0\right)$ (cf. fiche 32) ;

de même, $J\left(\frac{1+a}{2}\,;\frac{b}{2}\right)$, $K\left(\frac{a}{2}\,;\frac{b+1}{2}\right)$ et $L\left(0\,;\frac{1}{2}\right)$.

On a $\overrightarrow{IJ}\begin{pmatrix}\frac{1+a}{2}-\frac{1}{2}\\\frac{b}{2}-0\end{pmatrix}$, soit $\overrightarrow{IJ}\begin{pmatrix}\frac{a}{2}\\\frac{b}{2}\end{pmatrix}$ ; $\overrightarrow{LK}\begin{pmatrix}\frac{a}{2}-0\\\frac{b+1}{2}-\frac{1}{2}\end{pmatrix}$, soit $\overrightarrow{LK}\begin{pmatrix}\frac{a}{2}\\\frac{b}{2}\end{pmatrix}$.

**Ainsi, $\overrightarrow{IJ} = \overrightarrow{LK}$ et $IJKL$ est bien un parallélogramme.**

Une seule égalité suffit à prouver que $IJKL$ est un parallélogramme. Mais $\overrightarrow{IJ}$ et $\overrightarrow{LK}$ sont colinéaires montre uniquement que $IJKL$ est un trapèze.

3 $(A\,;\overrightarrow{AB},\overrightarrow{AC})$ est un repère, car $\overrightarrow{AB}$ et $\overrightarrow{AC}$ sont non nuls et non colinéaires.
Dans ce repère, $A(0\,;0)$, $B(1\,;0)$ et $C(0\,;1)$.
De plus, $\overrightarrow{AD} = 3\overrightarrow{AB} - 2\overrightarrow{AC}$, donc $D(3\,;-2)$ dans $(A\,;\overrightarrow{AB},\overrightarrow{AC})$ (cf. fiche 31).
On montre ensuite que $\overrightarrow{BC}$ et $\overrightarrow{BD}$ sont colinéaires :
$\overrightarrow{BC}(-1\,;1)$ et $\overrightarrow{BD}(2\,;-2)$. Ainsi, $\overrightarrow{BD} = -2\overrightarrow{BC}$ (d'après les coordonnées).
**$\overrightarrow{BC}$ et $\overrightarrow{BD}$ sont colinéaires et les points $B$, $D$ et $C$ sont bien alignés.**

72

En bleu, les conseils de méthode.

Des exercices types pour s'entraîner.

Un coin à détacher quand on a revu la fiche.


**Conception graphique**
Couverture : Mélissa Chalot
Intérieur : Mélissa Chalot

www.hachette-education.com

**Réalisation**
Schémas : Rémi Picard / Lasergraphie
Mise en pages : Lasergraphie
Couverture : Sylvie Fécamp

ISBN : 978-2-01-227346-7





Achevé d'imprimer en Roumanie par G. Canale & C. Bucarest
Dépôt légal : Août 2016 - Collection n° 62 - Édition 02 - 25/1515/4

# Sommaire



## FONCTIONS

### Généralités sur les fonctions



### Fonctions et calculatrice



### Expressions algébriques



### Fonctions de référence

# GÉOMÉTRIE

## Triangles et configurations



## Vecteurs du plan



## Droites et systèmes



## Géométrie dans l'espace

# STATISTIQUES ET PROBABILITÉ

## Séries statistiques



## Simulation et fluctuation d'échantillonnage



## Probabilités



# LOGIQUE



# VERS L'ALGORITHMIQUE

# Avant-propos

## 1 Faire des fiches

■ Comment démarrer un exercice de mathématiques ? Quelle méthode de résolution choisir ? Voici quelques-unes des questions que se posent fréquemment les élèves de Seconde. Ils ont le sentiment que « tout se mélange ».

En pareil cas, il existe une méthode simple qui a fait ses preuves : faire des fiches de synthèse pour mieux s'approprier son cours et, surtout, les savoir-faire associés.

Cet ouvrage a justement été conçu pour vous permettre, à vous aussi, de faire ou d'utiliser des fiches ! Il vous est ainsi possible :

– de vous inspirer de ce livre pour rédiger vos propres fiches en vous aidant, si nécessaire, de votre cours ;

– ou d'utiliser directement les fiches qu'il contient en les enrichissant avec des commentaires, de la couleur, des aide-mémoire ou par tout autre moyen permettant d'assimiler les leçons.

■ Quoi qu'il en soit, il ne faut pas hésiter à faire apparaître clairement les exigences de rédaction de votre professeur. Il est aussi très utile de relever les erreurs habituellement commises et les pièges classiques qu'il convient d'éviter.

## 2 En pratique

Comme toujours, en mathématiques, il est indispensable de travailler avec une feuille de papier et un crayon ! Il ne suffit donc pas de relire ses fiches la veille d'un devoir pour le réussir. Ce sont un entraînement fréquent et un investissement sur le long terme qui constituent la clé du succès.

C'est pourquoi il est si important de :

• travailler chaque fiche en refaisant les exercices types sans regarder la solution :

– si on parvient à les résoudre, c'est que la notion est acquise ;

– sinon, il est impératif de revoir le cours et de refaire les exercices jusqu'à se sentir à l'aise.

• s'assurer de ne rien oublier en reprenant ses fiches régulièrement.

# Définir une fonction

Fiche **1**

## LE COURS

### Ensemble $\mathbb{R}$

$\mathbb{R}$ est l'ensemble de tous les nombres possibles, que l'on appelle réels.

### Intervalle de $\mathbb{R}$ : soient $a, b \in \mathbb{R}$, avec $a \leqslant b$

Un intervalle est un sous-ensemble de $\mathbb{R}$ caractérisé par des inégalités.

| Inégalités | Représentation | Notation |
|---|---|---|
| $a \leqslant x \leqslant b$ |  | $[a\,;b]$ |
| $a \leqslant x < b$ |  | $[a\,;b[$ |
| $a < x < b$ |  | $]a\,;b[$ |
| $x \geqslant a$ | 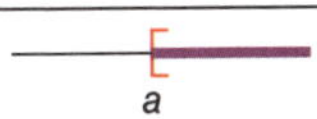 | $[a\,;+\infty[$ |
| $x < a$ | 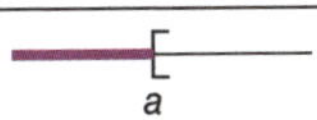 | $]-\infty\,;a[$ |

On définit, de même, **]– ∞ ; a]**, **]a ; + ∞[**, **]a ; b]**.

### Fonction $f$

Une fonction $f$ est un procédé (graphique ou algébrique) qui, à un nombre de départ $x$, associe un **unique** nombre d'arrivée noté $f(x)$.
$f(x)$ est **l'image** de $x$ par $f$.
$x$ est **un antécédent** de $y = f(x)$ par $f$.
L'ensemble de définition de $f$, noté $\mathcal{D}_f$, est l'ensemble des $x$ tels que $f(x)$ existe.

## EXERCICES TYPES CORRIGÉS

**EXERCICE 1** 1. Traduire, de deux façons différentes, l'égalité $f(-3) = 2$.
2. Traduire, par une égalité fonctionnelle du type « $f(\ ) =$ » :
a. l'image de – 5 par $f$ est 2 ; b. un antécédent de 3 par $f$ est – 1.

**3.** Soit $f$ définie sur $\mathbb{R}$ par $f(x) = -3x^2 - 5$.
**a.** Calculer l'image de $-5$ par $f$.
**b.** Déterminer un antécédent de $-5$ par $f$.

**EXERCICE 2** La séquence de calcul suivante définit une fonction $f$ sur $\mathbb{R}$ :

$\square \xrightarrow{\text{on ajoute 2}} \square \xrightarrow{\text{on élève au carré}} \square \xrightarrow{\text{on multiplie par 3}} \square$

**1.** Calculer l'image de 1, puis $-3$ par $f$.
**2.** Exprimer $f(x)$ en fonction de $x$.
**3.** Écrire un algorithme permettant de calculer $f(x)$ sachant $x$.

# Corrigé

**1** **1.** $f(-3) = 2$ se traduit par : $\begin{cases} \textbf{2 est l'image de } -3 \textbf{ par } f \\ -3 \textbf{ est un antécédent de 2 par } f. \end{cases}$

**2. a.** $f(-5) = 2$ **b.** $f(-1) = 3$

**3. a.** L'image de $-5$ par $f$ est $f(-5)$. Pour la calculer, on remplace donc $x$ par $-5$ :
$f(-5) = -3 \times (-5)^2 - 5 = -3 \times 25 - 5 = -80$.
**L'image de $-5$ par $f$ est $-80$.**

**b.** $x$ est un antécédent de $-5$ par $f$ signifie $f(x) = -5$. Pour trouver les antécédents de $-5$ par $f$, on résout donc l'équation $f(x) = -5$.
On a $f(x) = -5$
$-3x^2 - 5 = -5$
$-3x^2 = 0$
$x^2 = 0 \div (-3) = 0$
$x = 0$ (*cf. fiche* 11). $S = \{0\}$.
**L'antécédent de $-5$ par $f$ est 0.**

**2** **1.** $\boxed{1} \xrightarrow{\text{on ajoute 2}} \boxed{3} \xrightarrow{\text{on élève au carré}} \boxed{9} \xrightarrow{\text{on multiplie par 3}} \boxed{27}$

$\boxed{-3} \xrightarrow{\text{on ajoute 2}} \boxed{-1} \xrightarrow{\text{on élève au carré}} \boxed{1} \xrightarrow{\text{on multiplie par 3}} \boxed{3}$

**L'image de 1 par $f$ est 27 ; l'image de $-3$ par $f$ est 3.**

**2.** $\boxed{x} \xrightarrow{+2} \boxed{(x+2)} \xrightarrow{\text{on élève au carré}} \boxed{(x+2)^2} \xrightarrow{\times 3} \boxed{3(x+2)^2}$

**Ainsi, $f(x) = 3(x + 2)^2$.**

**3.** L'algorithme suivant comprend trois parties (*cf. fiche* 61).

Instructions d'entrée : saisir la valeur de départ ; la stocker dans la variable $x$.
Traitement : calculer $3(x + 2)^2$ et stocker le résultat dans la variable $y$.
Instructions de sortie : afficher $y$.

```
VARIABLES
  x EST_DU_TYPE NOMBRE
  y EST_DU_TYPE NOMBRE
DEBUT_ALGORITHME
  LIRE x
  y PREND_LA_VALEUR 3*pow(x+2,2)
  AFFICHER y
FIN_ALGORITHME
```

# Déterminer graphiquement image et antécédents éventuels

Fiche 2

## LE COURS

### Courbe représentative d'une fonction $f$ dans un repère $(O\,;\vec{i},\vec{j})$ du plan

Le plan est muni d'un repère $(O\,;\vec{i},\vec{j})$. Soit $f$ une fonction définie sur $\mathcal{D}_f$.
L'ensemble des points $M(x\,;f(x))$ pour $x \in \mathcal{D}_f$ est la courbe représentative de $f$, notée $\mathcal{C}_f$.
$M(x\,;y) \in \mathcal{C}_f$ si, et seulement si, $x \in \mathcal{D}_f$ et $y = f(x)$.

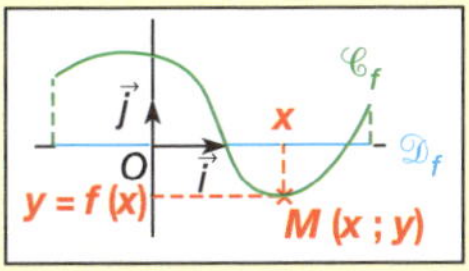


## EXERCICES TYPES CORRIGÉS

**EXERCICE 1** Soit $f$ définie sur $\mathbb{R}$ par $f(x) = x^3 - 8x$.

1. Le point $A(0\,;2)$ est-il sur la courbe représentative de $f$ ?

2. a. Remplir le tableau de valeurs suivant :

| $x$ | $-3$ | $-2$ | $-1$ | $0$ | $1$ | $2$ | $3$ |
|---|---|---|---|---|---|---|---|
| $f(x)$ | | | | | | | |

b. Peut-on construire la courbe représentative de $f$ sur $[-3\,;3]$ ?

**EXERCICE 2** On donne ci-contre la représentation graphique d'une fonction $f$.

1. Lire l'ensemble de définition de $f$, $\mathcal{D}_f$.
2. Lire l'image de 4 par $f$.
3. Lire les antécédents éventuels de 1 par $f$.
4. Lire $f(0)$.

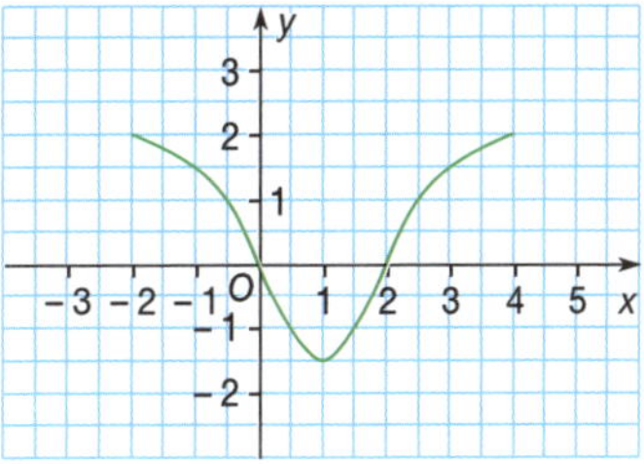

# Corrigé

**1** **1.** Pour cela, on calcule l'image de $x_A = 0$ par $f$ (*cf. fiche* 1) :
$f(0) = 0^3 - 8 \times 0 = 0$.
Ensuite, on regarde si $f(0)$ est l'ordonnée de $A$ ou non :
**$f(0) \neq 2$, donc $A$ n'est pas sur la courbe représentative de $f$.**

**2. a.** On remplace $x$ par $-3$, puis par $-2$... (*cf. fiche* 1) :
$f(-3) = (-3)^3 - 8 \times (-3) = -27 + 24 = -3$
$f(-2) = (-2)^3 - 8 \times (-2) = -8 + 16 = 8$...

| $x$ | $-3$ | $-2$ | $-1$ | $0$ | $1$ | $2$ | $3$ |
|---|---|---|---|---|---|---|---|
| $f(x)$ | **$-3$** | **8** | **7** | **0** | **$-7$** | **$-8$** | **3** |

**b.** La courbe représentative de $f$ passe par les points $B(-3\,;-3)$,$C(-2\,;8)$, $D(-1\,;7)$, $E(0\,;0)$, $F(1\,;-7)$, $G(2\,;-8)$, $H(3\,;3)$. Mais on ne sait pas comment relier les points.
**On ne peut pas construire la courbe représentative de $f$ car on ne connaît pas les variations de $f$** (*cf. fiche* 5).
Il y a une infinité de courbes qui passent par les sept points.

**2** **1.** $\mathscr{D}_f$ est l'ensemble des abscisses de tous les points de la courbe.
On lit **$\mathscr{D}_f = [-2\,;4]$.**

**2.** Pour lire l'image de 4 par $f$ :
- on place 4 sur l'axe des abscisses ;
- on considère le point de la courbe qui a pour abscisse 4 ;
- on lit son ordonnée $f(4)$.

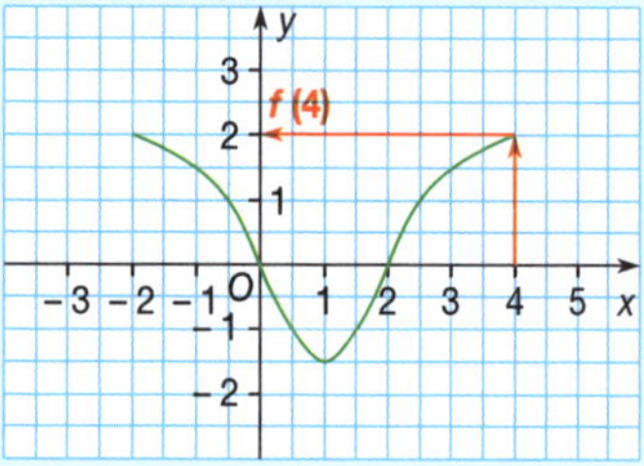


**L'image de 4 par $f$ est 2.**

**3.** Pour déterminer les antécédents éventuels de 1 par $f$ :
- on place 1 sur l'axe des ordonnées ;
- on trace la droite d'équation $y = 1$ ;
- on considère tous les points d'intersection éventuels de cette droite et de la courbe ;
- on lit les abscisses de ces points.

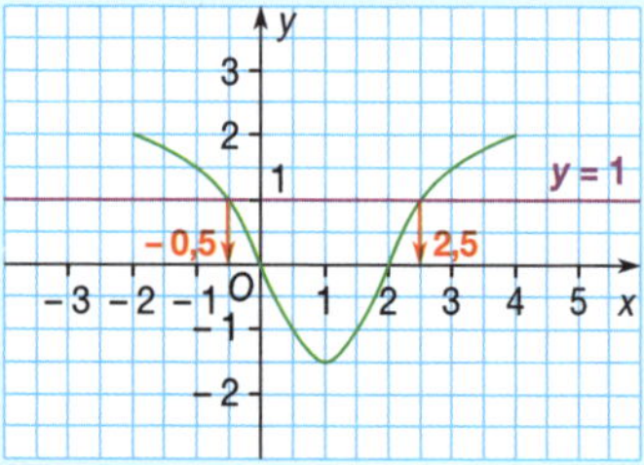


**Les antécédents de 1 par $f$ sont $-0{,}5$ et $2{,}5$.**

**4.** $f(0)$ est l'image de 0 par $f$.
On lit **$f(0) = 0$.**
Ne pas confondre $f(0)$ avec les antécédents de 0 par $f$, qui sont 0 et 2.

# Résoudre graphiquement des équations

**Fiche 3**

## EXERCICES TYPES CORRIGÉS

**EXERCICE 1** On donne ci-contre les représentations graphiques d'une fonction $f$, $\mathscr{C}_f$, et d'une fonction $g$, $\mathscr{C}_g$.

1. Résoudre graphiquement $f(x) = 2$.
2. Résoudre graphiquement $f(x) = g(x)$.
3. Résoudre graphiquement $f(x) = \frac{2}{3}x + 3$.

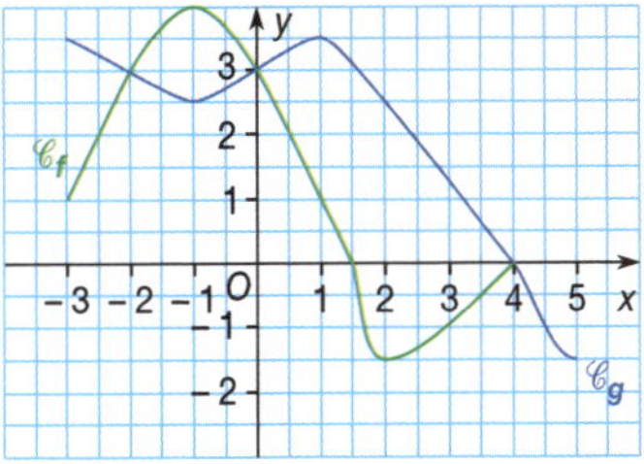


**EXERCICE 2** On considère ci-contre la courbe représentative $\mathscr{C}_f$ d'une fonction $f$ définie sur [– 4 ; 5].

1. Préciser le nombre de solutions qu'admettent ces équations :
   a. $f(x) = 1$ ; b. $f(x) = -1$ ;
   c. $f(x) = 3$ ; d. $f(x) = 6$.
2. Étudier le nombre de solutions de l'équation $f(x) = m$ selon les valeurs de $m$.

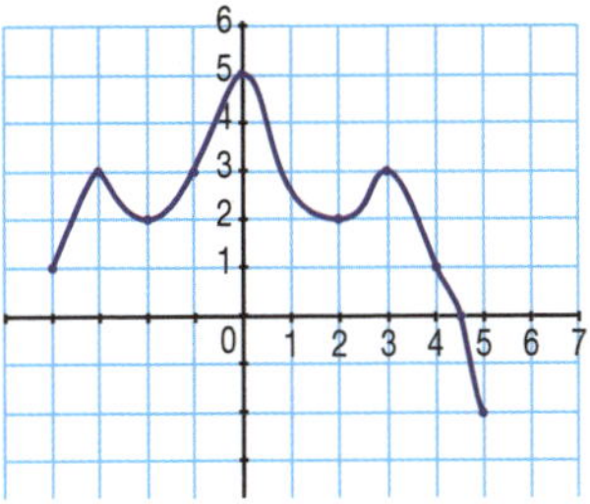


## Corrigé

**1** 1. Cela revient à déterminer les antécédents de 2 par $f$ (*cf. fiche* 2).
On lit $S = \{-2{,}5 ; 0{,}5\}$.

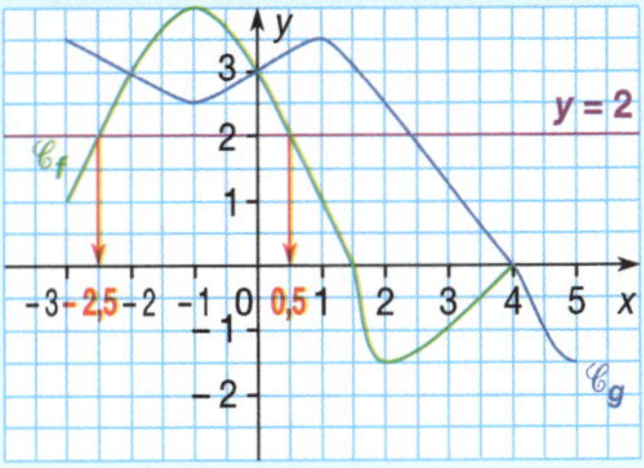

**2.** Pour résoudre $f(x) = g(x)$ :
- on considère les points d'intersection de $\mathscr{C}_f$ et de $\mathscr{C}_g$ ;
- on lit les abscisses de ces points.

On lit $\boldsymbol{S = \{-2 ; 0 ; 4\}}$.

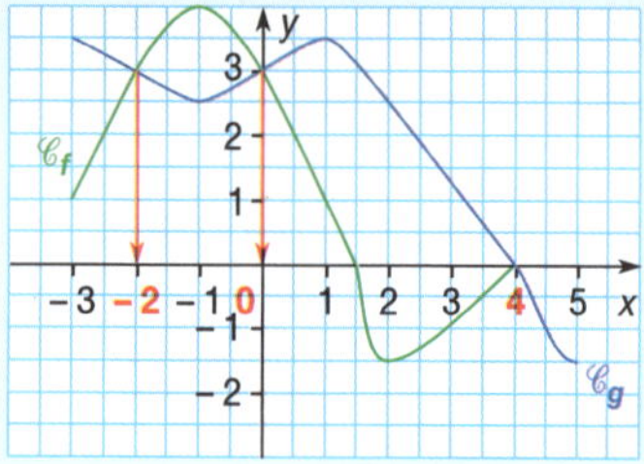


**3.** On se ramène au **2.** en traçant la représentation graphique de la fonction affine $h$ définie par $h(x) = \frac{2}{3}x + 3$ (elle passe par $A(-3 ; 1)$ et $B(0 ; 3)$). Le problème revient donc à résoudre $f(x) = h(x)$. On lit $\boldsymbol{S = \{-3 ; 0\}}$.

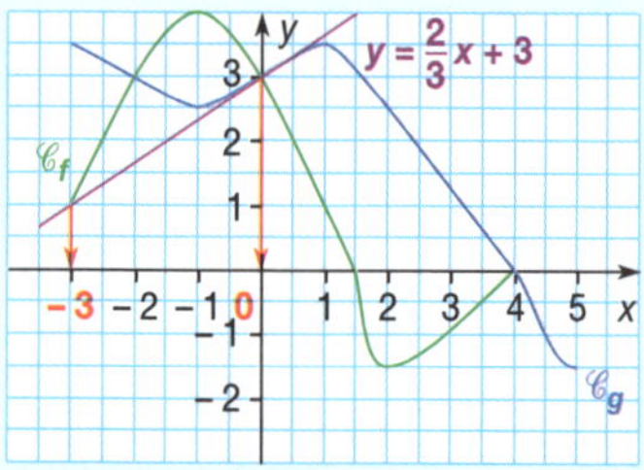


**2** **1. a.** On compte le nombre de points d'intersection de $\mathscr{C}_f$ avec la droite d'équation $y = 1$.

**L'équation $f(x) = 1$ admet 2 solutions, qui sont – 4 et 4.**

**b.** **De même, $f(x) = -1$ admet 1 solution située dans [4 ; 5].**

**c.** **$f(x) = 3$ admet 4 solutions – 3, – 1, $a$ (dans [0 ; 1]) et 3.**

**d.** **$f(x) = 6$ n'admet pas de solutions.**

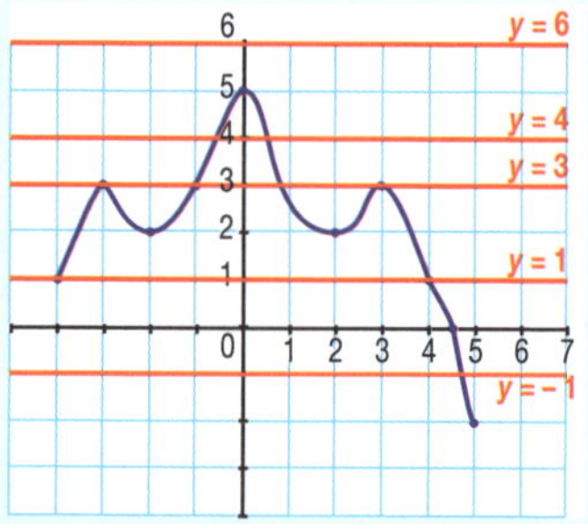


**2.** Le principe reste le même, sachant que la droite d'équation $y = m$ est une droite parallèle à l'axe des abscisses et passant par $A(0 ; m)$. Il suffit donc de déplacer sa règle parallèlement à l'axe des abscisses sur la figure et de compter le nombre de points d'intersection avec $\mathscr{C}_f$.

**Si $m \in ]-\infty ; -2[$, l'équation $f(x) = m$ n'admet pas de solution ;**
**si $m \in [-2 ; 1[$, l'équation $f(x) = m$ admet une seule solution ;**
**si $m \in [1 ; 2[$, l'équation $f(x) = m$ admet deux solutions ;**
**si $m = 2$, l'équation $f(x) = m$ admet quatre solutions ;**
**si $m \in ]2 ; 3[$, l'équation $f(x) = m$ admet six solutions ;**
**si $m = 3$, l'équation $f(x) = m$ admet quatre solutions ;**
**si $m \in ]3 ; 5[$, l'équation $f(x) = m$ admet deux solutions ;**
**si $m = 5$, l'équation $f(x) = m$ admet une seule solution ;**
**si $m \in ]5 ; +\infty[$, l'équation $f(x) = m$ n'admet pas de solution.**

# Résoudre graphiquement des inéquations

Fiche 4

## EXERCICES TYPES CORRIGÉS

**EXERCICE 1** On donne ci-dessous la représentation graphique d'une fonction $f$.

1. Résoudre $f(x) \geqslant 3$.
2. Résoudre $f(x) < 2$.

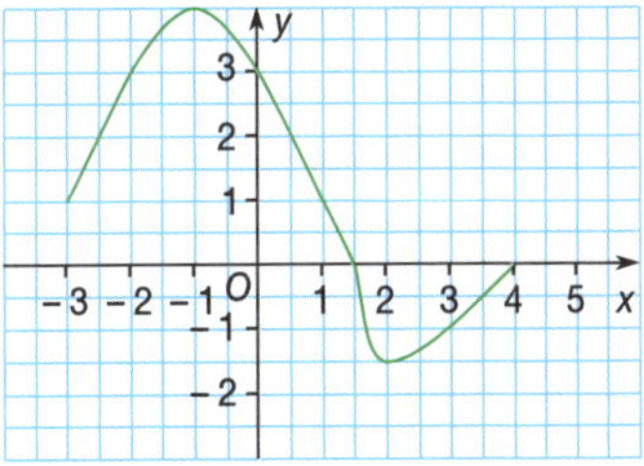


**EXERCICE 2** On donne ci-contre les représentations graphiques d'une fonction $f$, $\mathscr{C}_f$, et d'une fonction $g$, $\mathscr{C}_g$.

1. Donner le signe de $f(x)$ suivant les valeurs de $x$.
2. Résoudre $f(x) > g(x)$.
3. Résoudre $f(x) \leqslant -\dfrac{2}{3}x$.

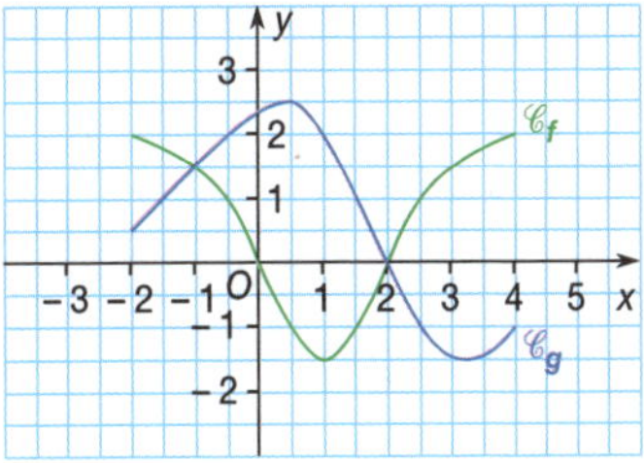


## Corrigé

**1** **1.** Pour résoudre graphiquement $f(x) \geqslant 3$ :

- on place 3 sur l'axe des ordonnées ;
- on trace la droite d'équation $y = 3$ ;
- on considère tous les points de la courbe situés sur ou au-dessus ($\geqslant$) de cette droite ;
- on lit les abscisses de ces points.

On lit $S = [-2 ; 0]$.

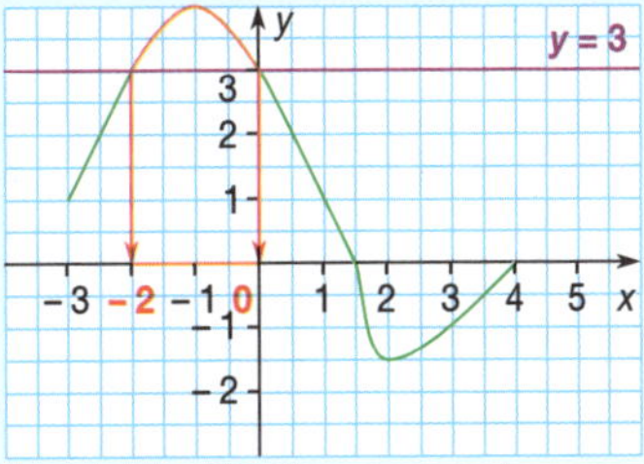

**2.** On lit les abscisses des points de la courbe situés en dessous strictement ($<$) de la droite d'équation $y = 2$.

On lit **$S = [-3 ; -2{,}5[ \cup ]0{,}5 ; 4]$.**

$-3$ et 4 sont inclus, car les points correspondants sur la courbe sont en dessous strictement de la droite ($f(-3) = 1$ et $f(-3) < 2$) ;

$-2{,}5$ et 0,5 sont exclus, car les points correspondants sur la courbe sont aussi sur la droite ($f(-2{,}5) = 2$ et ~~$2 < 2$~~).

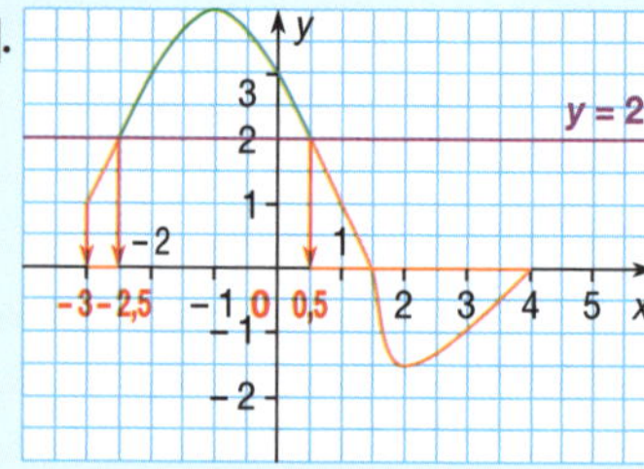


**2** **1.** Le signe ⊕ ($f(x) > 0$) correspond graphiquement à $\mathscr{C}_f$ au-dessus strictement de $(Ox)$ ; le signe ⊖ ($f(x) < 0$) à $\mathscr{C}_f$ en dessous strictement de $(Ox)$. On lit :

| **x** | **−2** | | **0** | | **2** | | **4** |
|---|---|---|---|---|---|---|---|
| ***f*(x)** | | + | 0 | − | 0 | + | |

**2.** On considère tous les points de $\mathscr{C}_f$ situés strictement au-dessus de $\mathscr{C}_g$. On lit les abscisses de ces points.

On lit **$S = [-2 ; -1[ \cup ]2 ; 4]$.**

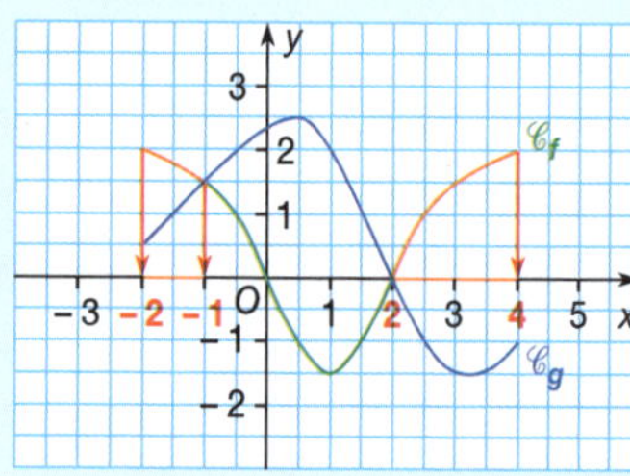


**3.** On trace la représentation graphique de la fonction affine $h$ définie par $h(x) = -\dfrac{2}{3}x$ (elle passe par $O(0 ; 0)$ et $A(3 ; -2)$ (*cf. fiche* 16)) ; puis on résout $f(x) \leqslant h(x)$.

On lit **$S = [0 ; 1{,}5]$** (*cf.* **2.**).

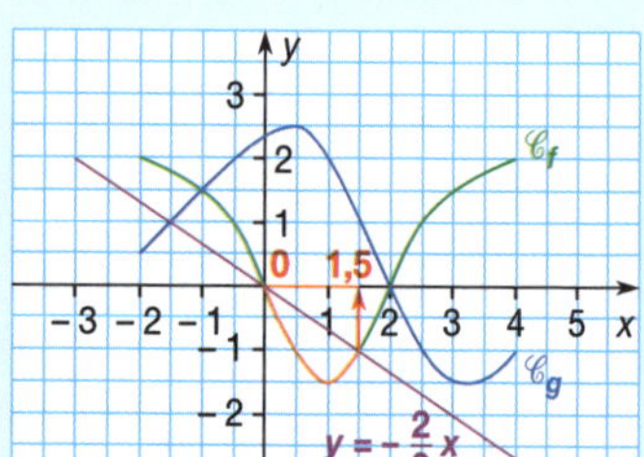

# Utiliser les variations d'une fonction pour tracer une courbe

Fiche 5

## LE COURS

Soit $f$ définie sur un intervalle $I$ de $\mathbb{R}$.

- $f$ est **croissante** sur $I$ signifie que, pour tout $a$, $b$ de $I$ :
  si $a \leqslant b$,
  alors $f(a) \leqslant f(b)$
  ($f$ conserve le sens de l'inégalité).

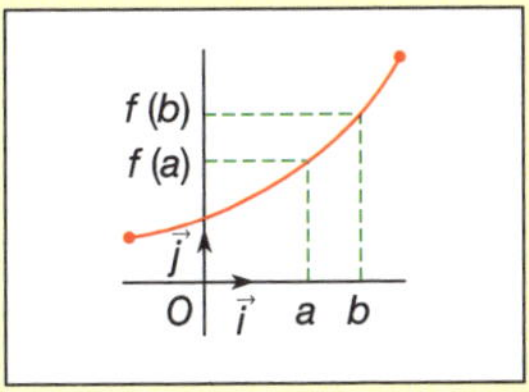


- $f$ est **décroissante** sur $I$ signifie que, pour tout $a$, $b$ de $I$ :
  si $a \leqslant b$,
  alors $f(a) \geqslant f(b)$
  ($f$ change le sens de l'inégalité).

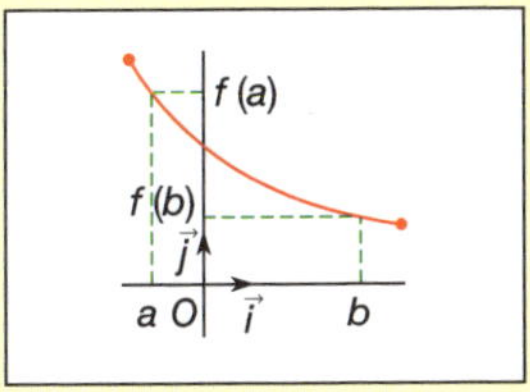


- $M$ est **le maximum** de $f$ sur $I$ signifie :
  $\begin{cases} \text{il existe un réel } a \in I \text{ tel que } f(a) = M \\ \text{pour tout } x \in I, f(x) \leqslant M \end{cases}$
  ($M$ est l'ordonnée du point le plus haut de la courbe).

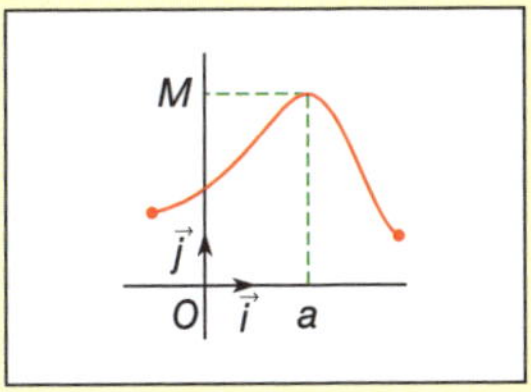


- $m$ est **le minimum** de $f$ sur $I$ signifie :
  $\begin{cases} \text{il existe un réel } a \in I \text{ tel que } f(a) = m \\ \text{pour tout } x \in I, f(x) \geqslant m \end{cases}$
  ($m$ est l'ordonnée du point le plus bas de la courbe).

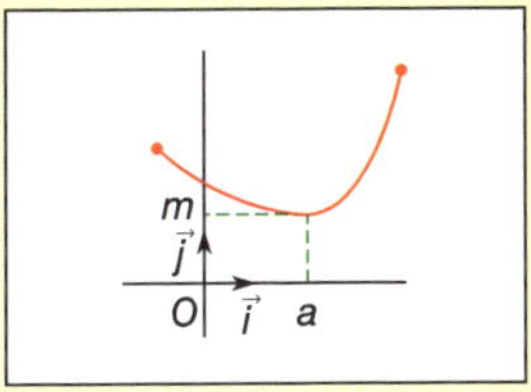

# EXERCICES TYPES CORRIGÉS

**EXERCICE 1** On donne ci-contre la représentation graphique d'une fonction $f$.
Dresser le tableau de variations de $f$.

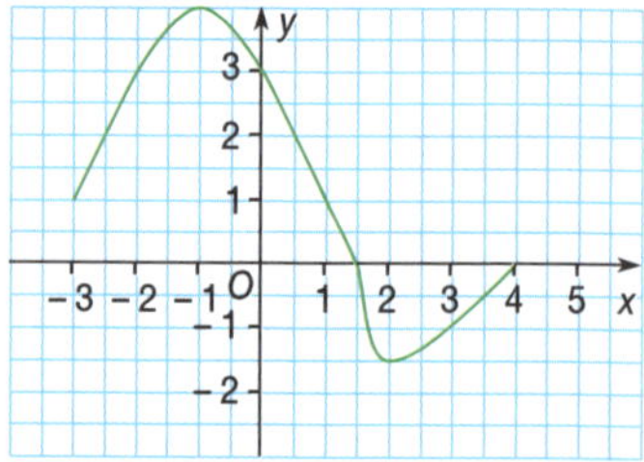


**EXERCICE 2** L'étude des variations d'une fonction $f$ a conduit au tableau de variations suivant :

1. Quels sont les extrema de $f$ (minimum et maximum) ?
2. Tracer une courbe susceptible de représenter $f$.

| $x$ | $-4$ | | $-2$ | | $4$ | | $5$ | | $6$ |
|---|---|---|---|---|---|---|---|---|---|
| $f(x)$ | $2$ | ↗ | $3$ | ↘ | $-1$ | ↗ | $1$ | ↘ | $-1$ |

## Corrigé

**1** Sur $[-3\,;-1] \cup [2\,;4]$, $f$ est strictement croissante (flèche qui monte dans le tableau). Sur $[-1\,;2]$, $f$ est strictement décroissante (flèche qui descend).

| $x$ | $-3$ | | $-1$ | | $2$ | | $4$ |
|---|---|---|---|---|---|---|---|
| $f(x)$ | $1$ | ↗ | $4$ | ↘ | $-1{,}5$ | ↗ | $0$ |

← abscisses

← ordonnées

Ne pas oublier d'écrire les ordonnées connues au bout des flèches ; ne pas oublier de vérifier la cohérence des flèches avec ces valeurs.

**2** 1. Le maximum de $f$ est **3** atteint pour $x = -2$.
Le minimum de $f$ est **– 1** atteint pour $x = 4$ et $x = 6$.

2. La courbe passe par les points $A(-4\,;2)$, $B(-2\,;3)$, $C(4\,;-1)$, $D(5\,;1)$ et $E(6\,;-1)$. On relie ensuite ces points en respectant les variations de $f$ données dans le tableau :

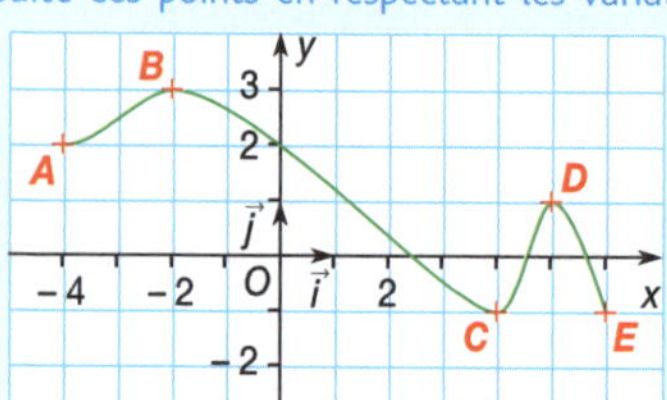

# Utiliser les variations d'une fonction pour comparer deux réels



## EXERCICE TYPE CORRIGÉ

On donne le tableau de variations de $f$ définie sur $[-4\ ;\ 7]$ ci-dessous :

| $x$ | $-4$ | | $-3$ | | $-2$ | | $1$ | | $3$ | | $7$ |
|---|---|---|---|---|---|---|---|---|---|---|---|
| $f(x)$ | $1$ | ↘ | $0$ | ↘ | $-3$ | ↗ | $0$ | ↗ | $2$ | ↘ | $1$ |

1. Comparer lorsque cela est possible et justifier :
a. $f(4)$ et $f(5)$ ; b. $f(0{,}5)$ et $f(6)$ ; c. $f(-3{,}5)$ et $f(2)$.
2. Le point $A(-2{,}3\ ;\ 2)$ est-il sur la courbe représentative de $f$, $\mathscr{C}_f$ ? Justifier.
3. Donner le meilleur encadrement possible de $f(x)$ pour $x \in [1\ ;\ 7]$. Justifier.
4. Pour chacune des propositions ci-dessous, dire si elle est vraie, fausse ou si on ne peut pas le savoir. Justifier.
a. $f(2) < 1$.
b. Il existe un réel de $[-3\ ;\ 3]$ dont l'image est supérieure à 1.
c. Tous les réels de $[1\ ;\ 7]$ ont une image supérieure à 1.

## Corrigé

**1. a.** Comme on ne peut pas calculer $f(4)$ ni $f(5)$, on utilise le tableau de variations de $f$ : on place $f(4)$ et $f(5)$ dans le tableau :

| $x$ | $-4$ | | $-3$ | | $-2$ | | $1$ | | $3$ | $4$ | $5$ | $7$ |
|---|---|---|---|---|---|---|---|---|---|---|---|---|
| $f(x)$ | $1$ | ↘ | $0$ | ↘ | $-3$ | ↗ | $0$ | ↗ | $2$ | ↘ $f(4)$ | ↘ $f(5)$ | ↘ $1$ |

**Ainsi, $f(4) > f(5)$** (la fonction $f$ est strictement décroissante sur $[3\ ;\ 7]$).

**b.** On place de même $f(0{,}5)$ et $f(6)$ dans le tableau :

| $x$ | $-4$ | | $-3$ | | $-2$ | $0{,}5$ | $1$ | | $3$ | $6$ | $7$ |
|---|---|---|---|---|---|---|---|---|---|---|---|
| $f(x)$ | $1$ | ↘ | $0$ | ↘ | $-3$ | ↗ $f(0{,}5)$ | ↗ $0$ | ↗ | $2$ | ↘ $f(6)$ | ↘ $1$ |

On ne peut pas les comparer directement (0,5 et 6 ne sont pas situés dans un intervalle où $f$ conserve son sens de variations). Mais le tableau de variations permet néanmoins de savoir où ils se situent.

D'après le tableau de variations, $f(0{,}5) \in ]-3\ ;\ 0[$ et $f(6) \in ]1\ ;\ 2[$.
Attention à l'ordre des bornes dans un intervalle (écrire ~~]2 ; 1[~~ n'a aucun sens, car $2 \nleqslant 1$!).
Ainsi, $\boldsymbol{f(0{,}5) < f(6)}$

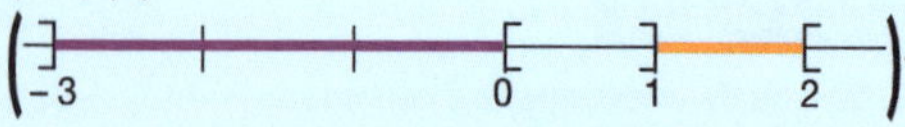


c. On place de même $f(-3{,}5)$ et $f(2)$ dans le tableau :

| $x$ | – 4 | – 3,5 | – 3 | – 2 | 1 | 2 | 3 | 7 |
|---|---|---|---|---|---|---|---|---|
| $f(x)$ | 1 ↘ | $f(-3{,}5)$ ↘ | 0 ↘ | – 3 ↗ | 0 ↗ | $f(2)$ ↗ | 2 ↘ | 1 |

D'après le tableau de variations, $f(-3{,}5) \in ]0\ ;\ 1[$ et $f(2) \in ]0\ ;\ 2[$.
Ainsi, **on ne peut pas les comparer**

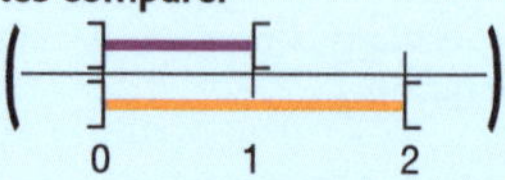


2. On traduit l'appartenance de $A$ à $\mathscr{C}_f$ par une égalité fonctionnelle :
Le point $A(-2{,}3\ ;\ 2)$ est sur $\mathscr{C}_f$ signifie $f(-2{,}3) = 2$ (*cf. fiche* 2).
Puis on raisonne comme précédemment avec le tableau de variations.
Or, d'après le tableau de variations, $f(-2{,}3) \in ]-3\ ;\ 0[$.
Comme $2 \notin ]-3\ ;\ 0[$, $\boldsymbol{f(-2{,}3) \neq 2}$ **et** $\boldsymbol{A \notin \mathscr{C}_f}$.

3. Pour donner le meilleur encadrement de $f(x)$ sur un intervalle $I$, on détermine le minimum $m$ de $f$ sur $I$, ainsi que son maximum $M$ : alors pour tout $x \in I$, $m \leqslant f(x) \leqslant M$ (c'est le meilleur encadrement possible, car les bornes sont atteintes).
On cherche le minimum $m$ et le maximum $M$ de $f$ sur $[1\ ;\ 7]$ : d'après le tableau, $m = 0$ et $M = 2$.
Ainsi, **pour tout** $\boldsymbol{x \in [1\ ;\ 7]}$, $\boldsymbol{0 \leqslant f(x) \leqslant 2}$.

4. a. D'après le tableau, $f(2) \in ]0\ ;\ 2[$.
**On ne peut donc pas savoir si** $\boldsymbol{f(2) < 1}$ **ou non.**

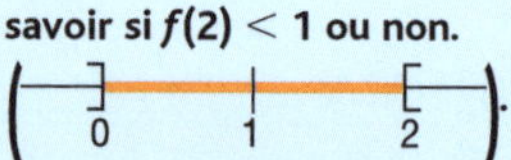


b. **Vrai :** 3 convient, car son image est 2 et $2 > 1$.
c. **Faux :** 1 qui est dans $[1\ ;\ 7]$ a pour image 0 et $0 < 1$.

| $x$ | – 4 | – 3 | – 2 | 1 | 2 | 3 | 7 |
|---|---|---|---|---|---|---|---|
| $f(x)$ | 1 ↘ | 0 ↘ | – 3 ↗ | 0 ↗ | $f(2)$ ↗ | 2 ↘ | 1 |

# Utiliser la calculatrice pour remplir un tableau de valeurs ou tracer une courbe

Fiche 7

## EXERCICE TYPE CORRIGÉ

Soit $f$ la fonction définie sur $\mathbb{R}$ par $f(x) = 3x^2 - x + 1$.

1. À l'aide de la calculatrice, remplir le tableau de valeurs suivant :

| $x$ | 0 | 0,5 | 1 | 1,5 | 2 |
|---|---|---|---|---|---|
| $f(x)$ | | | | | |

2. Faire tracer la courbe par la calculatrice sur [0 ; 2].

## Corrigé

1. Pour remplir un tableau de valeurs, on utilise le tableur de la calculatrice :

**Texas Instrument**

• Appuyer sur la touche [Y =]

• Sur la ligne $Y_1$ =, saisir l'expression de $f(x)$, puis valider en appuyant sur la touche [ENTER]

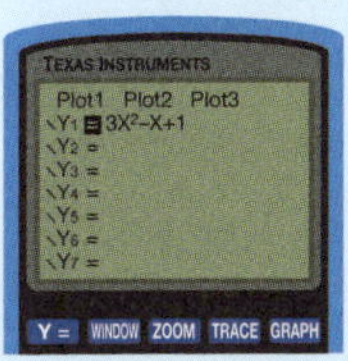


**Casio**

Sélectionner le menu [TABLE]

Sur la ligne $Y_1$ =, saisir l'expression de $f(x)$, puis valider en appuyant sur la touche [EXE]

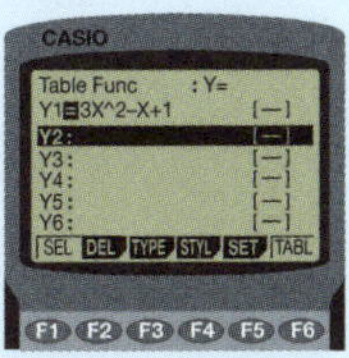


On utilise la touche [X,T] pour saisir $x$, et [$x^2$] ou [^] [2] pour saisir les puissances.

**Texas Instrument**

• Utiliser [TBLSET] pour configurer le tableau (touche [2nd], puis [WINDOW])

**Casio**

Utiliser [RANG] ou [SET] (touches F3, F4 ou F5) pour configurer le tableau

Valider à chaque étape en appuyant sur les touches [ENTER] ou [EXE].

ΔTbl ou Pitch/Step correspond au pas dans le tableau (différence entre deux valeurs consécutives de $x$).

• Utiliser TABLE pour obtenir le tableau (touche 2nd, puis GRAPH)

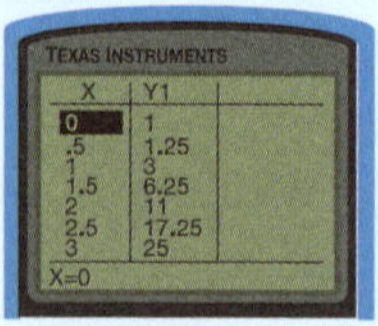


Utiliser TABLE (touches F4, F6) pour obtenir le tableau

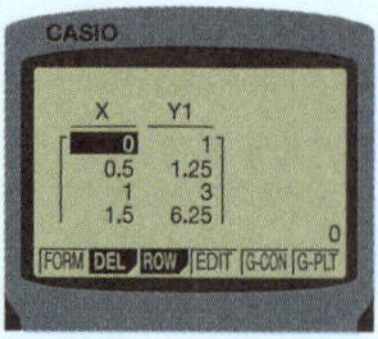


La colonne $Y_1$ donne les images $f(x)$.
$f(1) = 3$.
Pour se déplacer dans le tableau, on utilise les touches fléchées.

En choisissant un pas égal à 0,5 et en commençant à $x = 0$, on obtient le tableau suivant :

| $x$ | 0 | 0,5 | 1 | 1,5 | 2 |
|---|---|---|---|---|---|
| $f(x)$ | **1** | **1,25** | **3** | **6,25** | **11** |

**2.** Pour tracer une courbe à l'aide de la calculatrice, on utilise le mode GRAPH ou TRACE (TRACE permet d'obtenir les coordonnées des points en se déplaçant sur la courbe avec les touches fléchées).

• Saisir l'expression de $f(x)$ comme au paragraphe précédent

Sélectionner le menu GRAPH, puis saisir l'expression de $f(x)$ comme au **1.**

• Utiliser WINDOW pour changer la fenêtre graphique

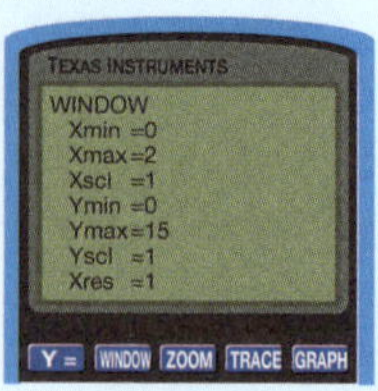


Utiliser V-WINDOW pour changer la fenêtre (touche SHIFT, puis F3)

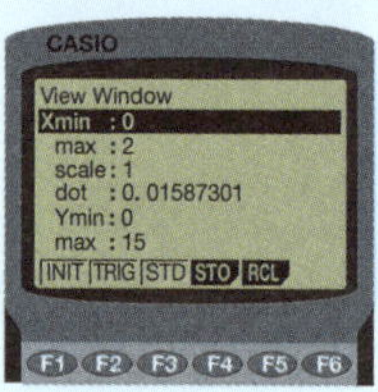


Une graduation sur $(Ox)$/$(Oy)$ correspond à Xscl/Yscl.
Selon les modèles, il faut parfois utiliser les touches fléchées pour saisir Ymin, Ymax et Yscale.
On utilise le tableau de valeurs pour déterminer Ymin et Ymax.

• Appuyer sur la touche GRAPH

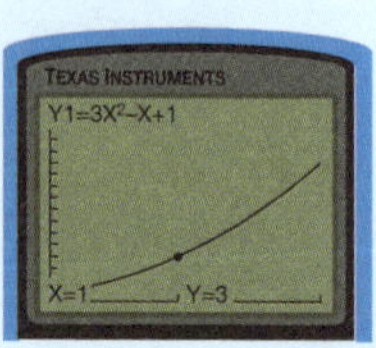


Appuyer sur la touche DRAW

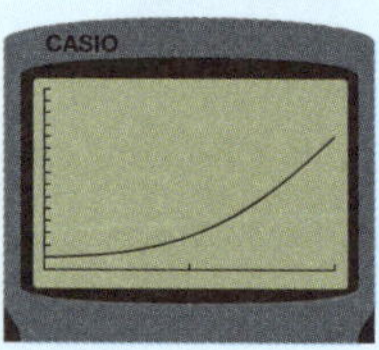


$f$ semble être croissante sur [0 ; 2].

Malgré l'impression donnée par la calculatrice, $f$ n'est pas croissante sur [0 ; 2] : $f(0,1) = 0,93$ et $f(0) > f(0,1)$. Il suffit d'utiliser la touche ZOOM (*cf. fiche* 8) pour s'en convaincre.

# Utiliser la calculatrice pour conjecturer, vérifier et s'interroger

Fiche 8

## EXERCICE TYPE CORRIGÉ

Lorsqu'il y a une multitude de lièvres, les renards sont bien nourris et leur population augmente. Lorsque les renards sont devenus nombreux, ils mangent trop de lièvres et la population de lièvres est rapidement décimée. Les renards n'ayant plus alors à manger, leur population diminue à son tour… On a établi que, sur une période allant de $t = 0$ à $t = 20$ ans, la population de renards est donnée par :

$$f(t) = 2t^2 - 48t + 293.$$

**1.** À l'aide de la calculatrice, donner le minimum de $f$ sur $[0 ; 20]$ et pour quelle valeur $a$ de $t$ il est atteint.

**2.** Montrer que, pour tout $t \in [0 ; 20]$, $f(t) = 2(t - a)^2 + 5$.

**3.** Les chasseurs estiment que, s'il y a moins de 5 renards dans la région, ils ne peuvent plus se reproduire et disparaissent totalement de la région.
Quand les renards disparaissent-ils de la région ? Justifier.

## Corrigé

**1.** On cherche d'abord à déterminer un minorant $b$ et un majorant $c$ de $f$ pour choisir la bonne fenêtre graphique : soit l'énoncé permet de trouver $b$ et $c$ facilement, soit on remplit un tableau de valeurs avec la calculatrice.
Ici, on peut choisir $b = 0$ et $c = 300$.
Ensuite, on fait tracer la courbe en mode TRACE (*cf. fiche 7*).
Pour cela, on utilise comme fenêtre graphique :
$x_{min} = 0$ ; $x_{max} = 20$ ; $x_{scl} = 1$ et $y_{min} = 0$ ; $y_{max} = 300$ ; $y_{scl} = 50$.

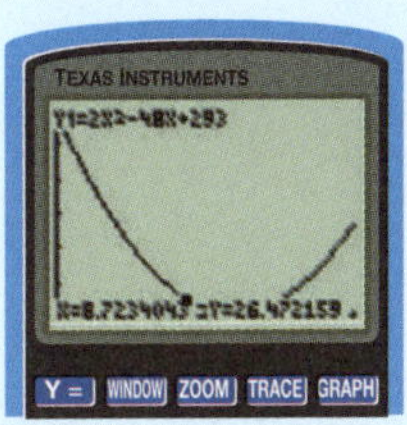


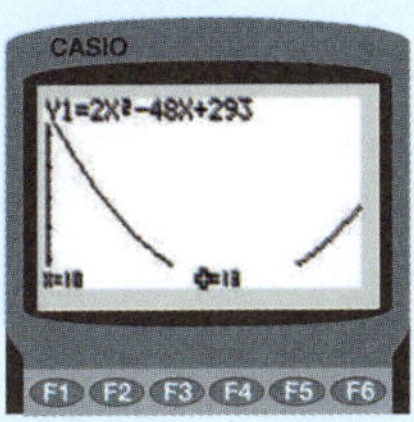


Pour faciliter la recherche de $a$, on utilise la fonctionnalité ZOOM, puis Zbox (ou box) : cela permet, en utilisant le curseur, de définir un rectangle correspondant à la zone à agrandir (on définit avec la touche ENTER ou EXE le coin en haut à gauche et en bas à droite).

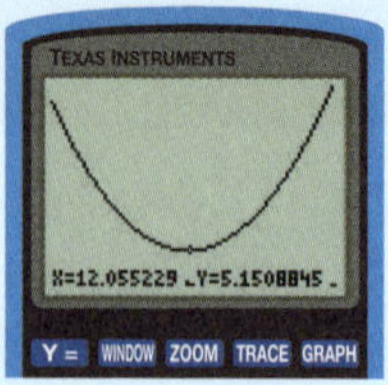

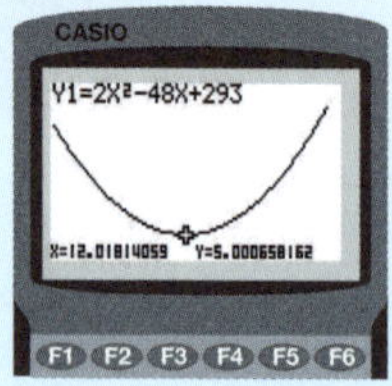


**Sur [0 ; 20], $f$ semble atteindre un minimum $m = 5$ pour $a = 12$.**

**2.** On développe $2(t-12)^2+5$ pour trouver $f(t)$ (*cf. fiche* 9).
On a $2(t-12)^2+5 = 2(t^2-24t+144)+5 = 2t^2-48t+288+5$,
soit $\mathbf{2(t-12)^2+5 = f(t)}$.

**3.** On peut conjecturer la réponse à l'aide de la question **1.** En effet, d'après ce qui précède, le minimum de $f$ sur [0 ; 20] semble être 5, ce qui signifierait que, pour tout $t$ de [0 ; 20], $f(t) \geqslant 5$ et que donc les renards ne disparaissent pas de la région. Montrons ce résultat :
Pour répondre à cette question, comparons d'abord $f(t)$ et 5 en étudiant le signe de leur différence $d$ : pour tout $t \in [0 ; 20]$, on a :
$d = f(t) - 5 = 2(t-12)^2 + \cancel{5} - \cancel{5}$.
On choisit cette forme de $f(t)$, car les « 5 » s'éliminent ; sinon, on aurait eu $d = 2t^2 - 48t + 288$, qu'il aurait fallu factoriser pour en déterminer le signe.
Soit $d = 2(t-12)^2$.
Or un carré est toujours positif ou nul, donc
$2(t-12)^2 \geqslant 0$, soit $f(t) - 5 \geqslant 0$ et **$f(t) \geqslant 5$ pour tout $t \in [0 ; 20]$**.
De plus $\mathbf{f(12)} = 2(\cancel{12}-\cancel{12})^2 + 5 = \mathbf{5}$.
Ainsi, **5 est bien le minimum de $f$ sur [0 ; 20]**.
Attention, ce *n'*est pas parce que $f(t) \geqslant 5$ pour tout $t \in [0 ; 20]$ que 5 est le minimum de $f$ sur [0 ; 20] (*cf. fiche* 60).

On aurait pu montrer que 5 est le minimum de $f$ sur [0 ; 20] en utilisant le cours sur les fonctions polynômes (*cf. fiche* 21) : comme $a > 0$ (où $f(t) = at^2 + bt + c$), on sait que $f$ est d'abord décroissante, puis croissante ; on sait aussi que le sommet de la parabole représentant $f$ est le point d'abscisse $-\dfrac{b}{2a} = -\dfrac{-48}{4} = 12$.
D'où le tableau de variations de $f$ :

| $t$ | 0 | 12 | 20 |
|---|---|---|---|
| $f(t)$ | 293 ↘ | 5 | ↗ 133 |

**Comme le nombre de renards est donné par $f(t)$, cela montre bien qu'il y aura toujours au moins 5 renards dans la région et qu'ils ne peuvent donc pas disparaître.**

# Développer et transformer des expressions rationnelles

Fiche 9

## LE COURS

Développer, c'est transformer un produit en une somme.
Pour cela, on utilise :

- soit la règle de distributivité : $k(a + b) = ka + kb$
- soit les identités remarquables : $(a + b)^2 = a^2 + 2ab + b^2$
  $(a - b)^2 = a^2 - 2ab + b^2$
  $(a + b)(a - b) = a^2 - b^2$

Attention aux parenthèses pour $a^2$ :

$$\begin{cases} (2x)^2 = 4x^2 \neq 2x^2 \\ \left(\frac{3}{4}\right)^2 = \frac{9}{16} \neq \frac{3^2}{4} = \frac{9}{4}. \end{cases}$$

Attention aux priorités opératoires :

- développer d'abord les puissances en utilisant les identités remarquables ;
- puis effectuer les produits avec éventuellement la règle de distributivité ;
- enfin, les additions et les soustractions.

## EXERCICES TYPES CORRIGÉS

**EXERCICE 1** Développer et réduire $A = 4(3 - 2x)^2 - (2x - 7)(1 - 5x)$.

**EXERCICE 2** Soit $f$ définie sur $\mathbb{R}$ par $f(x) = -2x^2 + 11x - 5$.
Montrer que $f(x) = (2x - 1)(5 - x)$ pour tout $x$.

**EXERCICE 3** Donner l'écriture fractionnaire de l'expression suivante :
$f(x) = \frac{x + 2}{3 - x} - \frac{5 + x}{x + 1}$, où $f$ est une fonction définie sur $\mathcal{D}_f = \mathbb{R}\backslash\{-1 ; 3\}$.

### Corrigé

**1** Pour respecter les priorités opératoires, il suffit de rajouter les crochets suivants :

$A = 4[(3 - 2x)^2] - [(2x - 7)(1 - 5x)]$.



à détacher Vu !

Il ne reste plus qu'à utiliser $(a - b)^2$ avec $a = 3$ et $b = 2x$ dans le premier crochet et la double distributivité dans le second :

$A = 4[3^2 - 2 \times 3 \times 2x + (2x)^2] - [2x - 10x^2 - 7 + 35x]$

$A = 4[9 - 12x + 4x^2] - [37x - 10x^2 - 7]$

$A = 36 - 48x + 16x^2 - 37x + 10x^2 + 7$

$\mathbf{A = 26x^2 - 85x + 43.}$

**2** Pour montrer que deux expressions $E$ et $F$ sont égales, on peut :

- transformer $E$ (développer, réduire au même dénominateur…) pour obtenir $F$ ;
- transformer $F$ pour obtenir $E$ ;
- transformer $E$ et $F$ pour obtenir une 3^e^ expression $G$ ($E = G$, $F = G$, donc $E = F$) ;
- montrer que $E - F = 0$.

Ici, le plus simple consiste à développer $(2x - 1)(5 - x)$ :

On a $(2x - 1)(5 - x) = 10x - 2x^2 - 5 + x$

soit $(2x - 1)(5 - x) = -2x^2 + 11x - 5$

et $\mathbf{(2x - 1)(5 - x) = f(x).}$

Attention à la rédaction : ne pas partir de la conclusion, on ne sait pas *a priori* si $f(x) = (2x - 1)(5 - x)$ ; cette égalité doit donc apparaître à la fin.

**3** On cherche un dénominateur commun le plus simple possible (souvent, le produit des dénominateurs).

Un trait de fraction fait office de parenthèses. Pour tout $x \in \mathcal{D}_f$, on a :

$$f(x) = \frac{(x + 2) \times (x + 1)}{(3 - x) \times (x + 1)} - \frac{(5 + x) \times (3 - x)}{(x + 1) \times (3 - x)}.$$

On écrit ensuite la somme au numérateur, que l'on développe à l'étape suivante pour éviter les erreurs de signes.

$$f(x) = \frac{[(x + 2)(x + 1)] - [(5 + x)(3 - x)]}{(3 - x)(x + 1)}$$

$$= \frac{(x^2 + x + 2x + 2) - (15 - 5x + 3x - x^2)}{(3 - x)(x + 1)}$$

Ne pas développer le dénominateur : c'est inutile (*cf. fiches* 12 *et* 15) et générateur d'erreurs.

$$\mathbf{f(x) = \frac{2x^2 + 5x - 13}{(3 - x)(x + 1)}}$$

Toujours chercher le dénominateur commun le plus simple possible. En particulier, en présence de puissances, chercher si une puissance inférieure ne conviendrait pas (un dénominateur commun entre $\frac{4x}{(x - 2)^2}$ et $\frac{3}{x - 2}$ serait *a priori* $(x - 2)^2 \times (x - 2) = (x - 2)^3$ ; mais $(x - 2)^2$ est un dénominateur commun plus simple).

# Factoriser

Fiche **10**

## LE COURS

Factoriser, c'est transformer une somme en un produit.
Pour cela, on reconnaît :

- soit un facteur commun, que l'on fait apparaître pour utiliser

$$ka + kb = k(a + b)$$

- soit une identité remarquable sous l'une des trois formes :

$$\begin{cases} a^2 + 2ab + b^2 = (a + b)^2 \\ a^2 - 2ab + b^2 = (a - b)^2 \\ a^2 - b^2 = (a + b)(a - b). \end{cases}$$

## EXERCICES TYPES CORRIGÉS

**EXERCICE 1** Soit $f$ définie sur $\mathbb{R}$ par $f(x) = (2x + 3)(x - 4) - 3(2x + 3)(3x + 5)$. Factoriser au maximum $f(x)$.

**EXERCICE 2** Factoriser $f(x) = 3x^2 - x$ ($f$ définie sur $\mathbb{R}$).

**EXERCICE 3** Factoriser $f(x) = (2x - 1)(-4x + 3) - 3(2x - 1)^2$ ($f$ définie sur $\mathbb{R}$).

**EXERCICE 4** Factoriser $f(x) = 4x^2 - 9(5x - 2)^2$ ($f$ définie sur $\mathbb{R}$).

**EXERCICE 5** Factoriser $f(x) = (x + 1)^3 - 16(x + 1)$ ($f$ définie sur $\mathbb{R}$).

**EXERCICE 6** Factoriser $f(x) = x^2 - 4 + (x - 2)(3 - 5x)$ ($f$ définie sur $\mathbb{R}$).

## Corrigé

**1** On repère un facteur commun évident $(2x + 3)$ :
$f(x) = (2x + 3)(x - 4) - (2x + 3)\ 3(3x + 5)$.
On recopie dans le crochet tout ce qui *n*'est pas facteur commun :
$f(x) = (2x + 3)[(x - 4) - 3(3x + 5)]$.
On développe au sein du crochet pour s'assurer qu'on ne peut pas encore factoriser :
$f(x) = (2x + 3)(x - 4 - 9x - 15)$
$\mathbf{f(x) = (2x + 3)(-8x - 19)}$.

**2** On repère à nouveau un facteur commun $x$, que l'on fait clairement apparaître pour ne pas oublier un terme dans la factorisation : le nombre de termes au sein du crochet doit être le nombre de termes dans la somme.
$f(x) = x \times 3x - x \times 1$ (2 termes dans la somme : $3x^2$ et $x$)
$\boldsymbol{f(x) = x(3x - 1)}$ (2 termes dans le crochet : $3x$ et 1).

**3** On reconnaît $(2x - 1)$ comme facteur commun :
($(2x - 1)^2 = (2x - 1)(2x - 1)$ et non $(2x - 1)(2x + 1)$).
$f(x) = (2x - 1)(- 4x + 3) - (2x - 1)\,3(2x - 1)$
$f(x) = (2x - 1)[(- 4x + 3) - 3(2x - 1)]$
$f(x) = (2x - 1)(- 4x + 3 - 6x + 3) = (2x - 1)(- 10x + 6)$.
Au sein de la 2ᵉ parenthèse, on peut encore factoriser par 2 :
$f(x) = (2x - 1)(2 \times (- 5x) + 2 \times 3) = (2x - 1) \times 2\,(- 5x + 3)$
$\boldsymbol{f(x) = 2(2x - 1)(- 5x + 3)}$.

**4** On ne reconnaît pas de facteur commun. On cherche donc à faire apparaître une identité remarquable, généralement $a^2 - b^2$.
Ici, on reconnaît bien $a^2 - b^2 = (a - b)(a + b)$, avec :
$a^2 = 4x^2$ $\quad a = 2x$
$b^2 = 9(5x - 2)^2$ $\quad b = 3(5x - 2)$
Attention, si $a^2 = 4x^2$, alors $a = 2x$ et non $4x$ : ($(4x)^2 = 16x^2 \neq 4x^2$).
$f(x) = [2x - 3(5x - 2)][2x + 3(5x - 2)]$
$f(x) = [2x - 15x + 6][2x + 15x - 6]$
$\boldsymbol{f(x) = (- 13x + 6)(17x - 6)}$.

**5** On reconnaît $(x + 1)$ comme facteur commun :
$f(x) = (x + 1) \times (x + 1)^2 - (x + 1) \times 16$
$f(x) = (x + 1)\,[(x + 1)^2 - 16]$.
On reconnaît $a^2 - b^2 = (a - b)\,(a + b)$ au sein des crochets, avec :
$a^2 = (x + 1)^2$ $\quad a = (x + 1)$
$b^2 = 16$ $\quad b = 4$.
$f(x) = (x + 1)\,[(x + 1) - 4][(x + 1) + 4]$
$\boldsymbol{f(x) = (x + 1)\,(x - 3)\,(x + 5)}$.

**6** On ne reconnaît ni facteur commun ni identité remarquable dans ces trois termes ($x^2$ ; 4 ; $(x - 2)(3 - 5x)$). Mais, en isolant les deux premiers termes, on reconnaît $a^2 - b^2$ avec $a = x$ et $b = 2$.
$f(x) = (x - 2)(x + 2) + (x - 2)(3 - 5x)$
On reconnaît un facteur commun $(x - 2)$ :
$f(x) = (x - 2)(x + 2) + (x - 2)(3 - 5x)$
$f(x) = (x - 2)[(x + 2) + (3 - 5x)]$
$\boldsymbol{f(x) = (x - 2)(- 4x + 5)}$.

# Résoudre des équations de degré 2 ou plus

Fiche 11

## LE COURS

Résoudre une équation dans $\mathbb{R}$, c'est trouver tous les réels $x$ tels que l'égalité soit vraie.

### Équation produit du type $A \times B = 0$

Un produit de facteurs est nul si, et seulement si, l'un ou l'autre de ses facteurs est nul ($A \times B = 0$ si, et seulement si, $A = 0$ ou $B = 0$).

### Cas particulier important : équation du type $x^2 = a$

$x^2 = a$, avec $a > 0$ $\quad S = \{\sqrt{a} ; -\sqrt{a}\}$ ;

$x^2 = 0$ $\quad S = \{0\}$ ;

$x^2 = a$, avec $a < 0$ $\quad S = \varnothing$.

## EXERCICE TYPE CORRIGÉ

Soit $f$ définie sur $\mathbb{R}$ par $f(x) = -x^2 + 4x + 21$ (forme 1).

**1.** Montrer que, pour tout $x$, $f(x) = (7-x)(x+3)$ (forme 2).

**2.** Montrer que, pour tout $x$, $f(x) = -(x-2)^2 + 25$ (forme 3).

**3.** En choisissant la bonne écriture de $f(x)$ :

**a.** résoudre $f(x) = 0$ ;

**b.** déterminer les antécédents éventuels de 21 par $f$ ;

**c.** à l'aide de la calculatrice, conjecturer les abscisses des points d'intersection éventuels de la courbe représentative de $f$, $\mathscr{C}_f$, et de la droite $(d)$ d'équation $y = 16$ ; retrouver ce résultat par le calcul.

### Corrigé

**1.** On montre cette égalité en développant la forme 2 (*cf. fiche* 9).
On a $(7-x)(x+3) = 7x + 21 - x^2 - 3x = -x^2 + 4x + 21$,
d'où $\mathbf{(7-x)(x+3) = f(x)}$.

**2.** De même, on a :
$-(x-2)^2 + 25 = -(x^2 - 4x + 4) + 25 = -x^2 + 4x - 4 + 25$,
soit $\mathbf{-(x-2)^2 + 25 = -x^2 + 4x + 21 = f(x)}$.

**3. a.** Pour résoudre une équation de degré 2, il faut d'abord se ramener à une égalité du type « $A = 0$ ». Puis, on factorise $A$ (*cf. fiche* 10). Ici, c'est donc la forme 2 (déjà factorisée) qui convient :
On choisit la forme 2 : $(7-x)(x+3) = 0$.



à détacher Vu !

On utilise la propriété $A \times B = 0$ si, et seulement si, $A = 0$ ou $B = 0$.
Ne pas développer : en général, on trouve une équation de degré 2 que l'on ne sait pas résoudre en 2[de] (ici, $-x^2 + 4x + 21 = 0$).

$$7 - x = 0 \text{ ou } x + 3 = 0$$

$$7 = x \text{ ou } x = -3 \qquad \mathbf{S = \{-3\,;\,7\}}$$

Toujours vérifier que les solutions trouvées conviennent bien :
$-7^2 + 4 \times 7 + 21 = -49 + 49 = 0\,;\, -(-3-2)^2 + 25 = 0.$

**b.** Pour cela, on résout l'équation $f(x) = 21$ (*cf. fiche* 1).
En essayant chacune des trois formes, on constate que c'est la forme 1 qui convient (les termes sans $x$, 21, se réduisent).
On choisit la forme 1 : $-x^2 + 4x + \cancel{21} = \cancel{21}$

$$-x^2 + 4x = 0.$$

Puis, on résout l'équation de degré 2 en factorisant par $x$.

$$x \times (-x) + x \times 4 = 0$$

$$x(-x + 4) = 0$$

$$x = 0 \text{ ou } -x + 4 = 0$$

$$x = 0 \text{ ou } 4 = x \qquad \mathbf{S = \{0\,;\,4\}}$$

**Les antécédents de 21 par $f$ sont 0 et 4.**
$(-0^2 + 4 \times 0 + 21 = 21\,;\, -4^2 + 4 \times 4 + 21 = 21)$

**c.** On fait tracer $\mathscr{C}_f$ et $(d)$ par la calculatrice en choisissant le mode TRACE et en utilisant éventuellement le zoom (*cf. fiches* 7 *et* 8).

**$\mathscr{C}_f$ et $(d)$ semblent se couper en deux points d'abscisses respectives $-1$ et 5.**

Pour le montrer, résolvons $f(x) = 16$.

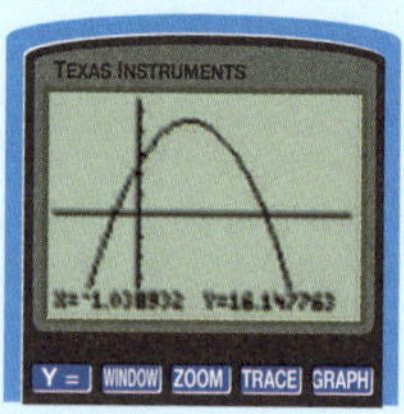


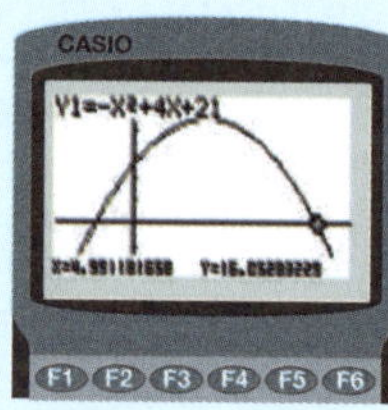


$M(x\,;\,y) \in \mathscr{C}_f$ signifie $y = f(x)$ et $M(x\,;\,y) \in (d)$ signifie $y = 16$.
Trouver les points d'intersection revient bien à résoudre $f(x) = 16$.
On choisit la forme 3, qui est la seule qui permette une factorisation évidente pour résoudre cette équation :
On choisit la forme 3 : $-(x-2)^2 + 25 = 16$

$$25 - 16 - (x-2)^2 = 0$$

$$3^2 - (x-2)^2 = 0 \text{ (on reconnaît } a^2 - b^2\text{)}$$

$$[3 - (x-2)][3 + (x-2)] = 0$$

$$(5 - x)(1 + x) = 0$$

$$5 - x = 0 \text{ ou } 1 + x = 0$$

$$5 = x \text{ ou } x = -1 \qquad \mathbf{S = \{-1\,;\,5\}}$$

**Les abscisses des points d'intersection recherchés sont – 1 et 5.**

# Résoudre des équations quotients

Fiche 12

## LE COURS

### ■ Condition d'existence d'un quotient $\frac{A}{B}$

$\frac{A}{B}$ existe si, et seulement si, $B \neq 0$.

### ■ Équation quotient du type $\frac{A}{B} = 0$

Un quotient est nul si, et seulement si, son numérateur est nul et son dénominateur non nul.

$\left(\frac{A}{B} = 0 \text{ si, et seulement si, } A = 0 \text{ et } B \neq 0.\right)$

## EXERCICE TYPE CORRIGÉ

Soit $f$ définie par $f(x) = \frac{1-x}{3+2x}$.

**1.** Déterminer l'ensemble de définition de $f$, noté $\mathscr{D}_f$.

**2.** Déterminer les antécédents éventuels de $-2$ par $f$.

**3.** Soit $g$ définie sur $\mathbb{R}\backslash\{1\}$ par $g(x) = \frac{3+2x}{1-x}$. Déterminer les coordonnées des points d'intersection éventuels des courbes représentatives de $f$, notée $\mathscr{C}_f$, et de $g$, notée $\mathscr{C}_g$.

## Corrigé

**1.** On cherche l'ensemble des $x$ tels que $f(x)$ existe : un quotient existe si, et seulement si, son dénominateur est non nul.

$f(x)$ existe si, et seulement si, $3 + 2x \neq 0$ soit si, et seulement si :

$x \neq -\frac{3}{2}$. Ainsi, $\mathscr{D}_f = \mathbb{R} \setminus \left\{-\frac{3}{2}\right\}$.

**2.** Pour cela, on résout $f(x) = -2$, soit $\frac{1-x}{3+2x} = -2$ (*cf. fiche* 1).

Avant tout calcul, on détermine $E = \{x \in \mathbb{R}$ tels que l'égalité ait un sens$\}$.

Ici, $E = \mathscr{D}_f$. On résout dans $E = \mathbb{R} \setminus \left\{-\frac{3}{2}\right\}$.



à détacher Vu !

On fait « tout passer » dans un même membre, puis on réduit au même dénominateur pour se ramener à $\frac{A}{B} = 0$.

$$\frac{1-x}{3+2x}+\frac{2}{1}=0$$

$$\frac{1-x}{3-2x}+\frac{2(3+2x)}{1(3+2x)}=0 \quad \text{(cf. fiche 9)}$$

$$\frac{1-x+6+4x}{3+2x}=0$$

On utilise la propriété $\frac{A}{B} = 0$ si, et seulement si, $A = 0$ et $B \neq 0$.

$3x + 7 = 0$ et $x \in E$

$3x = -7$ et $x \in E$

$x = -\frac{7}{3}$ : $-\frac{7}{3} \in E$ $\left(-\frac{7}{3} \neq -\frac{3}{2}\right)$. $\quad$ $\boldsymbol{S = \left\{-\frac{7}{3}\right\}}$

**L'antécédent de – 2 par *f* est $-\frac{7}{3}$.**

On vérifie que $-\frac{7}{3}$ est solution : $\dfrac{1-\left(-\frac{7}{3}\right)}{3+2\left(-\frac{7}{3}\right)} = \dfrac{\frac{10}{3}}{-\frac{5}{3}} = \frac{10}{3} \times \frac{3}{-5} = -2$.

**3.** $M(x\,;y) \in \mathscr{C}_f$ signifie $y = f(x)$ et $M(x\,;y) \in \mathscr{C}_g$ signifie $y = g(x)$.
Donc, déterminer les points d'intersection de $\mathscr{C}_f$ et de $\mathscr{C}_g$ revient à résoudre $f(x) = g(x)$.

Pour cela, on résout $f(x) = g(x)$ dans $E = \mathbb{R} \setminus \left\{-\frac{3}{2}; 1\right\}$.

$$\frac{1-x}{3+2x}+\frac{3+2x}{1-x}=0$$

$$\frac{(1-x)(1-x)-(3+2x)(3+2x)}{(3+2x)(1-x)}=0$$

$(1-x)^2 - (3+2x)^2 = 0$ et $x \in E$

$[(1-x)-(3+2x)][(1-x)+(3+2x)] = 0$ et $x \in E$

$(-2-3x)(x+4) = 0$ et $x \in E$

$-2-3x = 0$ ou $x + 4 = 0$ et $x \in E$

$x = -\frac{2}{3}$ ou $x = -4$ : $-\frac{2}{3} \in E$ et $-4 \in E$ $\quad$ $\boldsymbol{S = \left\{-\frac{2}{3}; -4\right\}}$.

On calcule ensuite les ordonnées des points d'intersection.

On a $f\left(-\frac{3}{2}\right) = \dfrac{1-\left(-\frac{2}{3}\right)}{3+2\left(-\frac{2}{3}\right)} = \dfrac{\frac{5}{3}}{\frac{5}{3}} = 1$ et $f(-4) = \dfrac{1-(-4)}{3+2(-4)} = -1$.

**$\mathscr{C}_f$ et $\mathscr{C}_g$ ont deux points d'intersection $A\left(-\frac{2}{3}; 1\right)$ et $B(-4\,; -1)$.**

On vérifie que $g\left(-\frac{2}{3}\right) = 1$ et que $g(-4) = -1$.

# Encadrer une racine d'une équation par dichotomie

Fiche 13

## LE COURS

### Principe : soit $f$ une fonction définie sur un intervalle $I$

On cherche un encadrement d'une solution de l'équation $f(x) = 0$.

Soit $[a ; b]$ un intervalle inclus dans $I$ tel que $f(a)$ et $f(b)$ sont de signes contraires, ce qui signifie aussi que $f(a) \times f(b) < 0$.

On admet que dans cet intervalle, pour cette fonction $f$, l'équation $f(x) = 0$ admet une solution unique $\alpha \in [a ; b]$ ($\alpha$ s'appelle aussi **racine** de l'équation $f(x) = 0$).

La méthode de dichotomie consiste, en choisissant à chaque fois la valeur $m$ située au milieu de l'intervalle en cours, à réduire de moitié l'amplitude de l'intervalle dans lequel se trouve la solution (l'**amplitude** de $[a ; b]$ est $b - a$) :

soit $m = \frac{a+b}{2}$.

On considère les deux intervalles $I_1 = [a ; m]$ et $I_2 = [m ; b]$. On cherche parmi ces deux intervalles lequel contient $\alpha$ : pour cela, on calcule $f(m)$ :

- soit $f(m) = 0$ et $\alpha = m$ : $m$ est la solution recherchée et l'algorithme s'arrête ;

- soit $f(a)f(m) < 0$ et $\alpha \in I_1 = [a ; m]$ ;

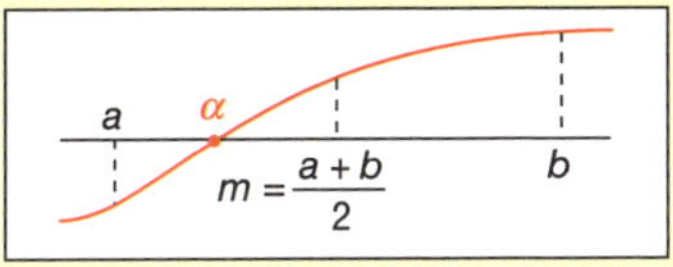


- soit $f(a)f(m) > 0$ et $\alpha \in I_2 = [m ; b]$.

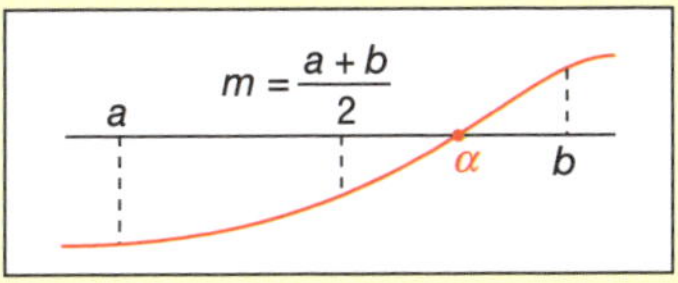


Puis, à partir de $I_1$ ou de $I_2$ (celui qui contient $\alpha$), on réitère la méthode : partage en deux de l'intervalle, localisation de $\alpha$,...

## EXERCICE TYPE CORRIGÉ

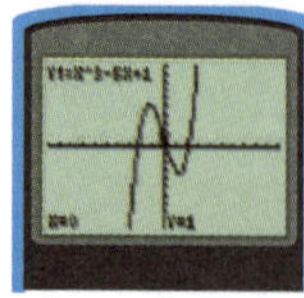

Soit $f$ définie sur $\mathbb{R}$ par $f(x) = x^3 - 5x + 1$.
Voici la courbe de $f$ tracée par une calculatrice.

**1.** Par lecture graphique, préciser le nombre de solutions à l'équation $f(x) = 0$. On note $\alpha$ la plus grande racine.

**2.** On admet que $\alpha \in [2 ; 3]$.
On considère l'algorithme suivant (algorithme de dichotomie) :

> Instructions d'entrée : saisir les valeurs de $a$, $b$, éventuellement l'expression de $f(x)$ et la valeur de $N$ (nombre d'itérations) ; les stocker dans les variables correspondantes
> Traitement : pour $i$ variant de 1 à $N$
>     $m$ prend la valeur $\frac{a+b}{2}$
>         si $f(a)\,f(m) < 0$
>             alors $b$ prend la valeur $m$
>         sinon
>             $a$ prend la valeur $m$
>         Fin si
>     Fin pour
> Instructions de sortie : afficher $a$, $b$

Programmer cet algorithme avec le logiciel Algobox et donner un encadrement de $\alpha$ d'amplitude $10^{-3}$. Préciser la valeur de $N$.

## Corrigé

**1.** On considère les points d'intersection de la courbe avec l'axe des abscisses (*cf. fiche* 3) : il y en a trois.
**L'équation $f(x) = 0$ admet trois solutions.**

**2.**

```
VARIABLES
  a EST_DU_TYPE NOMBRE
  b EST_DU_TYPE NOMBRE
  i EST_DU_TYPE NOMBRE
  m EST_DU_TYPE NOMBRE
  n EST_DU_TYPE NOMBRE
DEBUT_ALGORITHME
  LIRE a
  LIRE b
  LIRE n
  POUR i ALLANT_DE 1 A n
    DEBUT_POUR
    m PREND_LA_VALEUR (a+b)/2
    SI (F1(a)*F1(m)<0) ALORS
      DEBUT_SI
      b PREND_LA_VALEUR m
      FIN_SI
      SINON
        DEBUT_SINON
        a PREND_LA_VALEUR m
        FIN_SINON
    FIN_POUR
  AFFICHER a
  AFFICHER b
FIN_ALGORITHME

Fonction numérique utilisée :
F1(x)=pow(x,3)-5*x+1
```

On choisit différentes valeurs de $N$ de plus en plus grandes.
**Pour $N = 12$, l'encadrement d'amplitude $10^{-3}$ est :**
**$2{,}1284 \leqslant \alpha \leqslant 2{,}129$**
($2{,}129 - 2{,}1284 = 6.10^{-4} < 10^{-3}$).

# Résoudre des inéquations de degré 2 et plus

Fiche 14

## LE COURS

Résoudre une inéquation dans $\mathbb{R}$, c'est trouver tous les réels $x$ tels que l'inégalité soit vraie.

### Signe de $ax + b$ ($a \in \mathbb{R}^*$, $b \in \mathbb{R}$)

Si $a > 0$

| $x$ | $-\infty$ | | $-\frac{b}{a}$ | | $+\infty$ |
|---|---|---|---|---|---|
| $ax + b$ | | $-$ | 0 | $+$ | |

Si $a < 0$

| $x$ | $-\infty$ | | $-\frac{b}{a}$ | | $+\infty$ |
|---|---|---|---|---|---|
| $ax + b$ | | $+$ | 0 | $-$ | |

## EXERCICES TYPES CORRIGÉS

**EXERCICE 1** Étudier le signe de la fonction $f$ définie par $f(x) = x(x + 1)$.

**EXERCICE 2** Soit $f$, $g$, $h$ définies sur $\mathbb{R}$ par $f(x) = 36(7x - 1)^2$, $g(x) = 49(5 - 6x)^2$ et $h(x) = (x^2 - 4)(-x - 3)$.

1. Étudier la position relative des courbes représentatives de $f$ et de $g$, notées $\mathscr{C}_f$ et $\mathscr{C}_g$.
2. Résoudre $h(x) > 0$.

## Corrigé

**1** Pour étudier le signe d'une expression, on cherche à factoriser au maximum en produit de facteurs du type $ax + b$. Puis, on fait un tableau de signes, en étudiant le signe de chacun de ces facteurs :

| $x$ | $-\infty$ | | $-1$ | | $0$ | | $+\infty$ | |
|---|---|---|---|---|---|---|---|---|
| $x + 1$ | | $-$ | 0 | $+$ | \| | $+$ | | $a = 1$ et $1 > 0$ |
| $x$ | | $-$ | \| | $-$ | 0 | $+$ | | $a = 1$ et $1 > 0$ |
| $f(x)$ | | $+$ | 0 | $-$ | 0 | $+$ | | |

Pour étudier le signe de $x + 1$, on résout $x + 1 = 0 \Leftrightarrow x = -1$ ; puis, on regarde le signe de $a$ : $a = 1$, $1 > 0$ : d'où le signe de $x + 1$ sur $\mathbb{R}$.
On étudie de même le signe de $x$ sur $\mathbb{R}$.
On conclut en appliquant la règle des signes.
NB : ① Ne pas développer pour étudier le signe d'une expression : on trouve généralement en développant une expression dont on ne sait pas étudier le signe en 2[de] (ici, $x^2 + x$, $\oplus$ + ?).



À détacher

② Attention à { la détermination des racines (en résolvant $ax + b = 0$)
l'ordre des racines dans le tableau.

③ Ne pas oublier de vérifier les signes en prenant une valeur particulière pour $x$ (généralement, on choisit 0 ou 1) :
si $x = 1$, $f(1) = 2$ et $2 > 0$, ce qui est cohérent avec le tableau.

**2** **1.** Algébriquement, $\mathcal{C}_f$ est en dessous de $\mathcal{C}_g$ signifie $f(x) \leqslant g(x)$ ; de même, $\mathcal{C}_f$ est au-dessus de $\mathcal{C}_g$ signifie $f(x) \geqslant g(x)$. Il suffit donc de résoudre $f(x) \leqslant g(x)$ pour étudier la position de $\mathcal{C}_f$ par rapport à $\mathcal{C}_g$.

Pour cela, on résout $f(x) \leqslant g(x) \Leftrightarrow 36(7x - 1)^2 \leqslant 49(5 - 6x)^2$.

Pour résoudre une inéquation, on se ramène à une inégalité du type « $A \leqslant 0$ ». Puis, on factorise $A$ (*cf. fiche* 10) pour étudier le signe de $A$ :

$36(7x - 1)^2 - 49(5 - 6x)^2 \leqslant 0$

$[6(7x - 1) - 7(5 - 6x)][6(7x - 1) + 7(5 - 6x)] \leqslant 0$

$(42x - 6 - 35 + 42x)(42x - 6 + 35 - 42x) \leqslant 0$

$(84x - 41) \times 29 \leqslant 0$

| $x$ | $-\infty$ 0 | $\frac{41}{84}$ | $+\infty$ |
|---|---|---|---|
| $84x - 41$ | − | 0 | + |
| 29 | + | | + |
| $29(84x - 41)$ | − | 0 | + |

$a = 84$ et $84 > 0$
29 est toujours positif.

On détermine ensuite tous les réels $x$ tels que le produit soit négatif ou nul ($\leqslant 0$).

$$S = \left]-\infty ; \frac{41}{84}\right].$$

$\frac{41}{84}$ est solution car, pour $x = \frac{41}{84}$, le produit est nul et on a bien $0 \leqslant 0$.

**Ainsi, sur $\left]-\infty ; \frac{41}{84}\right]$, $\mathcal{C}_f$ est en dessous de $\mathcal{C}_g$ ; sur $\left[\frac{41}{84} ; +\infty\right[$, $\mathcal{C}_f$ est au-dessus de $\mathcal{C}_g$ ; $\mathcal{C}_f$ et $\mathcal{C}_g$ se coupent au point d'abscisse $\frac{41}{84}$.**

**2.** $h(x) > 0 \Leftrightarrow (x^2 - 4)(-x - 3) > 0$
$\Leftrightarrow (x + 2)(x - 2)(-x - 3) > 0$.

| $x$ | $-\infty$ | | $-3$ | | $-2$ | | $2$ | | $+\infty$ |
|---|---|---|---|---|---|---|---|---|---|
| $x + 2$ | | − | | − | 0 | + | | + | |
| $x - 2$ | | − | | − | | − | 0 | + | |
| $-x - 3$ | | + | 0 | − | | − | | − | |
| $h(x)$ | | + | 0 | − | 0 | + | 0 | − | |

$a = 1$ et $1 > 0$
$a = 1$ et $1 > 0$
$a = -1$ et $-1 < 0$

$$S = ]-\infty ; -3[ \cup ]-2 ; 2[.$$

# Résoudre des inéquations quotients

**Fiche 15**

## EXERCICES TYPES CORRIGÉS

**EXERCICE 1** Étudier le signe des fonctions $f$ et $g$ définies par :

$f(x) = \dfrac{3 - 4x}{-6 + x}$ et $g(x) = \dfrac{-2x + 4}{x^2 - 1}$ sur leurs ensembles de définition.

**EXERCICE 2** Résoudre, dans $\mathbb{R}$ :

**a.** $\dfrac{5x - 3}{x + 3} \leqslant 2$ ; **b.** $\dfrac{5 - x}{x^2 + 5} > 1$.

## Corrigé

**1** D'abord, on détermine les ensembles de définition $\{x \in \mathbb{R}$ tels que le quotient existe$\}$ (*cf. fiche* 12).

$\dfrac{3 - 4x}{-6 + x}$ existe si $-6 + x \neq 0$,

soit si $x \neq 6$.

$\mathcal{D}_f = \mathbb{R} \backslash \{6\}$

$\dfrac{4 - 2x}{x^2 - 1}$ existe si $x^2 - 1 \neq 0$,

soit si $(x - 1)(x + 1) \neq 0$.

$\mathcal{D}_g = \mathbb{R} \backslash \{-1 ; 1\}$

On factorise au maximum numérateur et dénominateur, pour faire apparaître des facteurs du type $ax + b$.

$f(x) = \dfrac{3 - 4x}{-6 + x}$

$g(x) = \dfrac{-2x + 4}{(x - 1)(x + 1)}$

On fait un tableau de signes comme à la fiche 14.

| $x$ | $-\infty$ 0 | | $\frac{3}{4}$ | | $6$ | | $+\infty$ |
|---|---|---|---|---|---|---|---|
| $3 - 4x$ | | $+$ | 0 | $-$ | \| | $-$ | |
| $-6 + x$ | | $-$ | \| | $-$ | 0 | $+$ | |
| $f(x)$ | | $-$ | 0 | $+$ | \|\| | $-$ | |

| $x$ | $-\infty$ | | $-1$ 0 | | $1$ | | $2$ | | $+\infty$ |
|---|---|---|---|---|---|---|---|---|---|
| $-2x + 4$ | | $+$ | \| | $+$ | \| | $+$ | 0 | $-$ | |
| $x - 1$ | | $-$ | \| | $-$ | 0 | $+$ | \| | $+$ | |
| $x + 1$ | | $-$ | 0 | $+$ | \| | $+$ | \| | $+$ | |
| $g(x)$ | | $+$ | \|\| | $-$ | \|\| | $+$ | 0 | $-$ | |

Par convention, on fait apparaître dans la dernière ligne du tableau des doubles barres pour les valeurs interdites.

**2** **a.** Comme pour les équations quotients, pour résoudre une inéquation quotient, on commence toujours par déterminer $E$ :

$E = \mathbb{R} \backslash \{-3\}$.



À détacher

Puis on fait « tout passer » dans un même membre ; on réduit au même dénominateur pour se ramener à $\frac{A}{B} \leqslant 0$.

$$\frac{5x-3}{x+3} - 2 \leqslant 0$$

$$\frac{5x-3-2(x+3)}{x+3} \leqslant 0 \quad (cf.\ fiche\ 9)$$

$$\frac{5x-3-2x-6}{x+3} \leqslant 0$$

$$\frac{3x-9}{x+3} \leqslant 0$$

On étudie le signe du quotient $\frac{A}{B}$ comme précédemment :

| $x$ | $-\infty$ | | $-3$ | $0$ | $3$ | | $+\infty$ |
|---|---|---|---|---|---|---|---|
| $3x-9$ | | $-$ | | $-$ | $0$ | $+$ | |
| $x+3$ | | $-$ | $0$ | $+$ | | $+$ | |
| $\frac{3x-9}{x+3}$ | | $+$ | ‖ | $-$ | $0$ | $+$ | |

On conclut comme pour les inéquations du second degré, sachant qu'on exclut systématiquement des solutions les valeurs interdites.

**$S = ]-3\,;3]$.**

**b.** $E = \mathbb{R}$ (pour tout $x$ : $x^2 \geqslant 0$, donc $x^2 + 5 \geqslant 5$ et $x^2 + 5 \neq 0$)

$$\frac{5-x}{x^2+5} - \frac{1}{1} > 0$$

$$\frac{5-x-1(x^2+5)}{x^2+5} > 0$$

$$\frac{\cancel{5}-x-x^2-\cancel{5}}{x^2+5} > 0$$

$$\frac{-x \times 1 + (-x) \times x}{x^2+5} > 0$$

$$\frac{-x(1+x)}{x^2+5} > 0$$

| $x$ | $-\infty$ | | $-1$ | | $0$ | | $1+\infty$ |
|---|---|---|---|---|---|---|---|
| $-x$ | | $+$ | | $+$ | $0$ | $-$ | |
| $1+x$ | | $-$ | $0$ | $+$ | | $+$ | |
| $x^2+5$ | | $+$ | | $+$ | | $+$ | |
| $\frac{-x(1+x)}{x^2+5}$ | | $-$ | $0$ | $+$ | $0$ | $-$ | |

**$S = ]-1\,;0[$**

$x^2 + 5$ ne se factorise pas mais, comme tout nombre, admet un signe : un carré étant toujours positif, $x^2 + 5 > 0$.

Attention à ne pas généraliser la règle du signe de $ax + b$ à des expressions du type $ax^2 + b$. Pour étudier le signe de telles expressions, soit on factorise, soit on raisonne par somme de réels de même signe ($x^2 + 5 > 0$, car $x^2 \geqslant 0$ pour tout $x$ ; $-2x^2 - 1 < 0$ pour la même raison).

# Reconnaître une fonction affine et tracer sa représentation graphique

Fiche 16

## LE COURS

Soient $a, b \in \mathbb{R}$.

- Une fonction affine est une fonction $f$ définie sur $\mathbb{R}$ par une expression du type $f(x) = ax + b$.

- La représentation graphique de la fonction affine définie par $f(x) = ax + b$ est la droite d'équation $y = ax + b$.
Réciproquement, toute droite non parallèle à l'axe $(Oy)$ est la représentation graphique d'une fonction affine.

- **Interprétation graphique de *a* et de *b***

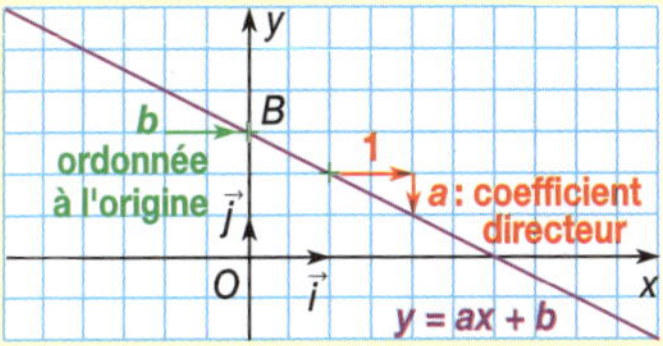


## EXERCICE TYPE CORRIGÉ

Indiquer si les fonctions suivantes sont affines et, si oui, tracer leurs représentations graphiques :

$f : x \mapsto 2 - 3x$ ; $g : x \mapsto 4x^2 - 1$ ; $h : x \mapsto \frac{1}{3}x + \frac{2}{3}$.

### Corrigé

**Seules *f* et *h* sont des fonctions affines** ($g$ est définie par une expression de la forme $g(x) = ax^2 + b$).

Leurs représentations graphiques respectives sont les droites $(d)$ d'équation $y = 2 - 3x$ et $(\Delta)$ d'équation $y = \frac{1}{3}x + \frac{2}{3}$.

Pour tracer une droite, il y a deux méthodes :

- soit on utilise l'interprétation graphique de $a$ et de $b$ (lorsque $a$ et $b$ sont des entiers) ;
- soit on remplit un tableau de valeurs pour obtenir des points à coordonnées entières.

<u>On utilise la 1re méthode pour tracer la droite ($d$) d'équation $y = 2 - 3x$ ($a = -3$ et $b = 2$) :</u>

On place le point $B(0 ; 2)$.

Puis comme $a = -3$, partant de $B$, on se décale d'une unité vers la droite selon l'axe ($Ox$), et on descend ($a < 0$) de 3 unités selon l'axe ($Oy$) : on obtient ainsi un nouveau point de la droite.

Afin d'obtenir un tracé le plus précis possible, on réitère généralement le procédé.

Attention à bien respecter les unités selon les axes.

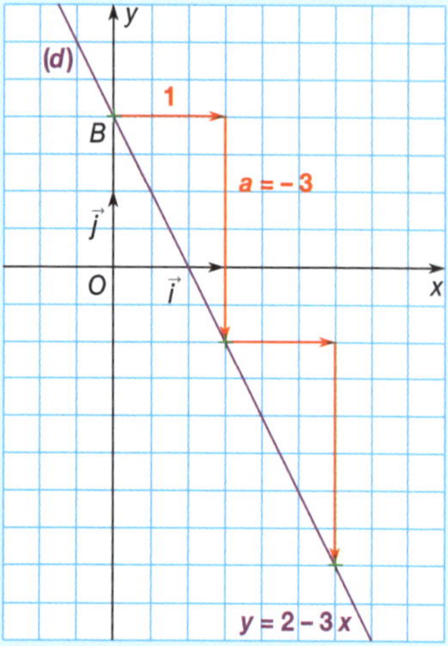


<u>On utilise la 2de méthode pour tracer la droite ($\Delta$) d'équation $y = \frac{1}{3}x + \frac{2}{3}$ $\left(a = \frac{1}{3} \text{ et } b = \frac{2}{3}\right)$ :</u>

À l'aide du tableur de la calculatrice (*cf. fiche* 7), on obtient le tableau de valeurs suivant (prendre $X_{start}$ ou TBLSTART égal à – 5 avec un pas égal à 1) :

| $x$ | – 5 | – 4 | – 3 | – 2 | – 1 | 0 | 1 | 2 | 3 | 4 |
|---|---|---|---|---|---|---|---|---|---|---|
| $y = \frac{1}{3}x + \frac{2}{3}$ | – 1 | ≈ – 0,6 | ≈ – 0,3 | 0 | ≈ 0,3 | ≈ 0,6 | 1 | ≈ 1,3 | ≈ 1,6 | 2 |

Deux points suffisent pour tracer une droite : on ne garde donc que deux valeurs de $x$ que l'on choisit pour avoir des $y$ entiers.

| $x$ | – 2 | 4 |
|---|---|---|
| $y$ | 0 | 2 |

($\Delta$) passe par les points $A(-2 ; 0)$ et $B(4 ; 2)$.

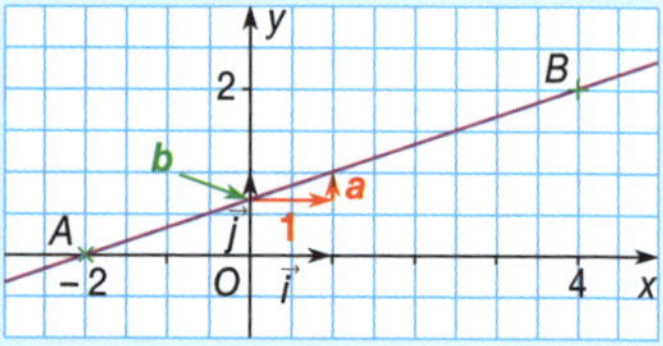


On vérifie bien par lecture que $b \in [0 ; 1]$ et que $a \in [0 ; 1]$.

# Déterminer une fonction affine

Fiche 17

## LE COURS

### Caractérisation d'une fonction affine

$f$ est une fonction affine si, et seulement si, l'accroissement $\Delta y$ de l'image est proportionnel à l'accroissement $\Delta x$ de la variable.

Plus précisément, $f$ est affine si, et seulement si :

$$\frac{\Delta y}{\Delta x} = \frac{f(x_2) - f(x_1)}{x_2 - x_1} = a \qquad (x_1 \neq x_2).$$

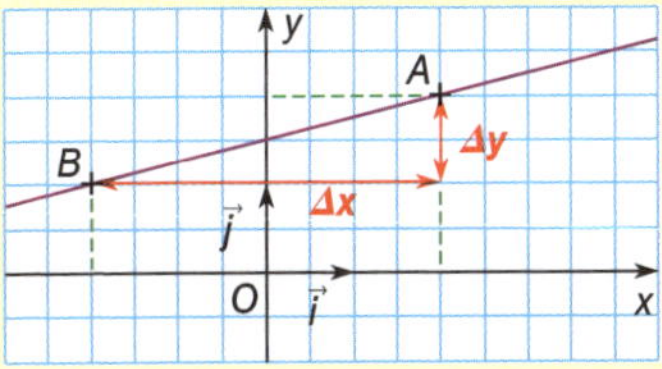


$$a = \frac{\Delta y}{\Delta x} = \frac{y_B - y_A}{x_B - x_A}$$

## EXERCICE TYPE CORRIGÉ

Déterminer les fonctions $f_1$, $f_2$, $f_3$ et $f_4$ dont les représentations graphiques respectives sont les droites $(d_1)$, $(d_2)$, $(d_3)$ et $(d_4)$ données ci-dessous :

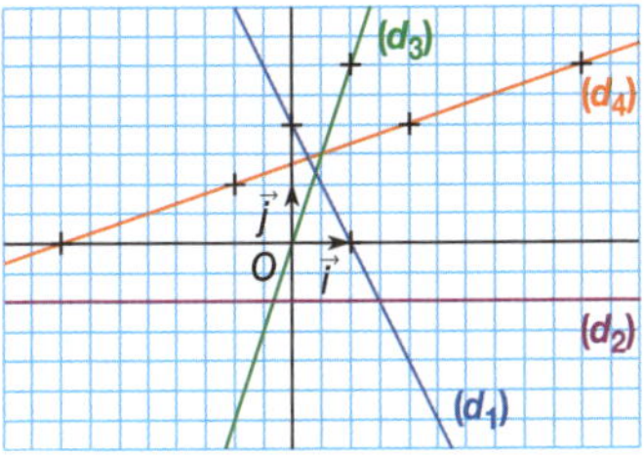


### Corrigé

$f_1$, $f_2$, $f_3$ et $f_4$, étant représentées par des droites, sont des fonctions affines.

Déterminer une fonction affine $f$, c'est déterminer $a$ et $b$ tels que $f(x) = ax + b$. Deux méthodes sont possibles.

1<sup></sup>

1re méthode : utilisation de l'interprétation graphique de $a$ et $b$

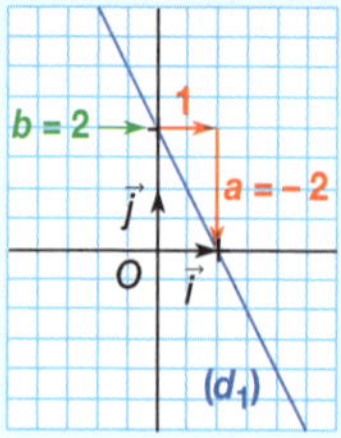


On lit $\begin{cases} b = 2 \\ a = -2 \end{cases}$ (*cf. fiche* 16)

**$f_1$ est la fonction affine définie par $f_1(x) = -2x + 2$.**

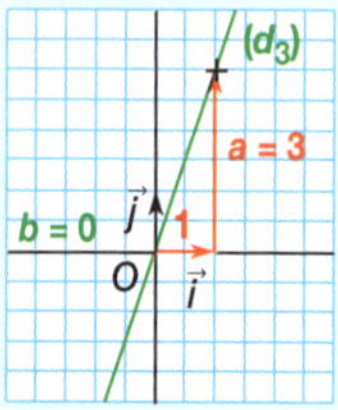


On lit $\begin{cases} b = 0 \\ a = 3 \end{cases}$

**$f_3$ est la fonction affine définie par $f_3(x) = 3x$.**

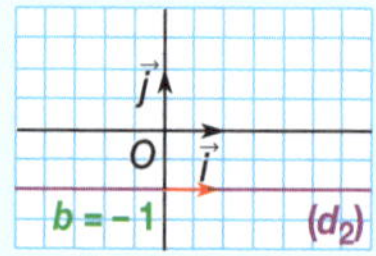


On lit $\begin{cases} b = -1 \\ a = 0 \end{cases}$ (droite horizontale)

**$f_2$ est la fonction affine définie par $f_2(x) = -1$.**

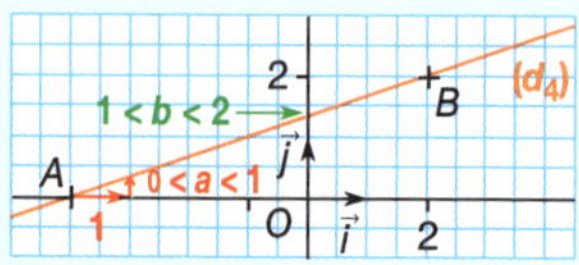


Ici, $a, b \notin \mathbb{Z}$.

On lit $a \in [0\,;1]$ et $b \in [1\,;2]$.

Pour déterminer $f_4$, on utilise la 2de méthode.

2de méthode : utilisation de la propriété de caractérisation

$(d_4)$ passe par $A(-4\,;0)$ et $B(2\,;2)$.

On calcule $a$ à l'aide de la formule $a = \dfrac{\Delta y}{\Delta x}$.

On a $a = \dfrac{y_B - y_A}{x_B - x_A} = \dfrac{2-0}{2-(-4)} = \dfrac{2}{6} = \dfrac{1}{3}$ (ce qui est cohérent avec la lecture).

On cherche donc $b$ tel que $f_4(x) = \dfrac{1}{3}x + b$.

On calcule $b$ en utilisant un point de la droite.

Or $A(-4\,;0) \in (d_4)$ donc $f_4(-4) = 0$ ($d_4$ est $\mathscr{C}_{f_4}$ : *cf. fiche* 2).

Ainsi, $b$ est tel que $\dfrac{1}{3} \times (-4) + b = 0$, soit $b = \dfrac{4}{3}$ (ce qui est cohérent avec la lecture).

**$f_4$ est donc la fonction affine définie par $f_4(x) = \dfrac{1}{3}x + \dfrac{4}{3}$.**

On vérifie les calculs en utilisant le point $B(2\,;2)$ $\left(f_4(2) = \dfrac{1}{3} \times 2 + \dfrac{4}{3} = \dfrac{6}{3} = 2\right)$ et en s'assurant de la cohérence des résultats avec la lecture de $a$ et $b$.

# Utiliser la fonction affine pour comparer deux réels ou résoudre des équations

**Fiche 18**

## LE COURS

### Variations de $x \mapsto ax + b$ ($a \in \mathbb{R}^*, b \in \mathbb{R}$)

Si $a > 0$

| $x$ | $-\infty$ | $+\infty$ |
|---|---|---|
| $ax + b$ | ↗ | |

Si $a < 0$

| $x$ | $-\infty$ | $+\infty$ |
|---|---|---|
| $ax + b$ | ↘ | |

## EXERCICES TYPES CORRIGÉS

**EXERCICE 1** Soient $a$, $b$ réels tels que $a \leqslant b$. Comparer $-2a + 3$ et $-2b + 3$.

**EXERCICE 2** On considère l'algorithme suivant qui permet de définir une fonction $f$ sur $[-3\ ;5]$.

```
Instructions d'entrée : saisir la valeur de x comprise dans [– 3 ; 5], la stocker
dans la variable correspondante
Traitement :
  si x ≤ 1
     calculer la valeur – 2x – 1 et la stocker dans la variable y
  sinon,
     si x ≤ 2
         alors calculer la valeur x – 4 et la stocker dans y
     sinon
         calculer la valeur 3x – 8 et la stocker dans y
     Fin si
  Fin si
  Instructions de sortie : afficher y
```

1. Exprimer $f(x)$ en fonction de $x$.
2. Tracer la représentation graphique de $f$ et résoudre $f(x) = 1$.

## Corrigé

**1** Le plus simple consiste à utiliser les variations de la fonction $f$ : $x \mapsto -2x + 3$. Comme le coefficient directeur est négatif, $f$ est décroissante : si $a \leqslant b$, alors $f(a) \geqslant f(b)$ (*cf. fiche* 5).

La fonction $x \mapsto -2x + 3$ est strictement décroissante : donc, comme $a \leqslant b$, $\mathbf{-2a + 3 \geqslant -2b + 3}$.

à détacher Vu !

Dans le cas général, pour comparer deux réels, on peut :
• étudier le signe de leur différence $d$ : ici,
$d = (-2b + 3) - (-2a + 3) = -2b + 2a = -2(b - a)$ ;
comme $a \leqslant b$, $b - a \geqslant 0$ et $-2(b - a) \leqslant 0$ soit $d \leqslant 0$ ;
ainsi, $(-2b + 3) - (-2a + 3) \leqslant 0$ et $-2b + 3 \leqslant -2a + 3$ ;

• utiliser les règles sur les inégalités en suivant l'ordre des priorités opératoires : on ne change pas le sens d'une inégalité lorsqu'on ajoute (ou soustrait) à chaque membre un même nombre (positif ou négatif) ou lorsqu'on multiplie (ou divise) chaque membre par un même nombre positif ; on **change le sens** d'une inégalité lorsqu'on **multiplie** (ou divise) chaque membre par un même nombre **négatif.** Ici,

$a \leqslant b$

$-2a \geqslant -2b$ (d'abord la multiplication)

$-2a + 3 \geqslant -2b + 3$ (puis l'addition)

• utiliser les variations d'une fonction connue (*cf. fiches* 18 à 22).

**2** 1. Pour interpréter cet algorithme, il suffit de l'appliquer à quelques valeurs de $x$ :
si $x = -2$, alors on calcule $-2 \times (-2) - 1 = 3$ $(-2 \leqslant 1)$ : $f(-2) = 3$ ;
si $x = 0$, alors on calcule $-2 \times 0 - 1 = -1$ $(0 \leqslant 1)$ : $f(0) = -1$ ;
si $x = 2$, alors on calcule $2 - 4 = -2$ $(2 \leqslant 2)$ : $f(2) = -2$ ;
si $x = 4$, alors on calcule $3 \times 4 - 8 = 4$ $(4 \nleqslant 2)$ : $f(4) = 4$.
Ainsi, l'expression de $f(x)$ dépend de l'appartenance de $x$ aux trois intervalles suivants : $[-3 ; 1]$ $(x \leqslant 1)$, $]1 ; 2]$$(x \leqslant 2)$ et $]2 ; 5]$ (sinon).
**Si $x \in [-3 ; 1]$, alors $f(x) = -2x - 1$ ;**
**si $x \in ]1 ; 2]$, alors $f(x) = x - 4$ ;**
**si $x \in ]2 ; 5]$, alors $f(x) = 3x - 8$.**
***f* est une fonction affine par morceaux : elle est représentée par des segments de droite.**

2. Le plus simple consiste à calculer les coordonnées des points correspondant aux bornes de chaque intervalle ; puis à tracer les trois segments $[AB]$ ($\mathscr{C}_f$ sur **[– 3 ; 1]**), $[CD]$ (sur **]1 ; 2]**), $[EF]$ (sur **]2 ; 5]**) (*cf. fiche* 16).

On a $A(-3 ; 5)$, $B(1 ; -3)$, $C(1 ; -3)$, $D(2 ; -2)$, $E(2 ; -2)$ et $F(5 ; 7)$ (*cf. fiches* 2 et 16).

**$S = \{-1 ; 3\}$** (*cf. fiche* 3).

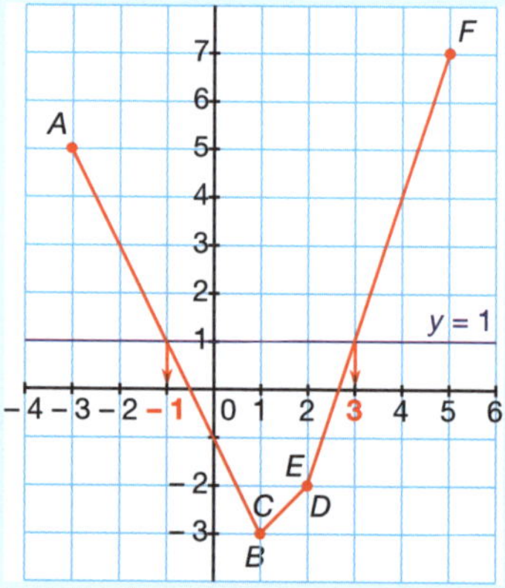

# Utiliser la fonction carré pour encadrer ou pour résoudre des inéquations

**Fiche 19**

## LE COURS

La fonction carré est la fonction $f$ définie sur $\mathbb{R}$ par $f(x) = x^2$.

### Variations de la fonction carré

| $x$ | $-\infty$ | 0 | $+\infty$ |
|---|---|---|---|
| $x^2$ | ↘ | 0 | ↗ |

### Représentation graphique de la fonction carré

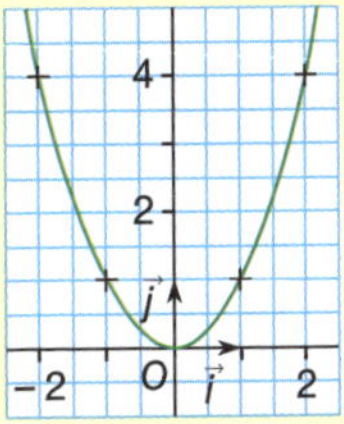


La représentation graphique de $x \mapsto x^2$ est une parabole de sommet $O$.
Cette courbe est symétrique par rapport à $(Oy)$.
La représentation graphique n'est pas une droite : la fonction carré n'est pas affine.

## EXERCICES TYPES CORRIGÉS

**EXERCICE 1** Encadrer $x^2$ sachant que $x \in ]-4\,;3]$. Justifier.

**EXERCICE 2** Résoudre, dans $\mathbb{R}$ :
a. $x^2 \leqslant 4$ ; b. $-4x^2 < -9$.

## Corrigé

**1** Encadrer revient à comparer plusieurs réels. Pour encadrer $x^2$, il suffit donc d'utiliser les variations de $x \mapsto x^2$ sur $]-4\,;3]$ (*cf. fiche* 6).

On connaît les variations de $x \mapsto x^2$ sur $]-4\,;3]$ :
le minimum est 0 (atteint pour $x = 0$) ;
le maximum est 16 (atteint pour $x = -4$).

| $x$ | $-4$ | 0 | 3 |
|---|---|---|---|
| $x^2$ | 16 ↘ | 0 | ↗ 9 |



à détacher Vu !

Comme $-4 \notin ]-4\,;3]$, $x^2$ ne peut être égal à 16.

Ainsi, **pour tout $x \in ]-4\,;3]$, $0 \leqslant x^2 < 16$.**

De façon générale, pour encadrer $f(x)$ si $x \in I$ (intervalle de $\mathbb{R}$), on peut :

- utiliser les variations de $f$ et déterminer le minimum $m$ et le maximum $M$ de $f$ sur $I$ : alors $m \leqslant f(x) \leqslant M$ pour $x \in I$ (*cf. fiche* 6) ;

ou

- étudier le signe d'une différence si le majorant (minorant) est donné et conclure : si $f(x) - M \leqslant 0$ ($f(x) - m \geqslant 0$) pour $x \in I$, alors $f(x) \leqslant M$ ($f(x) \geqslant m$).

**2** Pour résoudre des inéquations comportant uniquement « $x^2$ », on peut raisonner graphiquement en utilisant la courbe représentative de $x \mapsto x^2$ : c'est plus rapide qu'avec les tableaux de signes (*cf. fiche* 14).

**a.** $x^2 \leqslant 4$

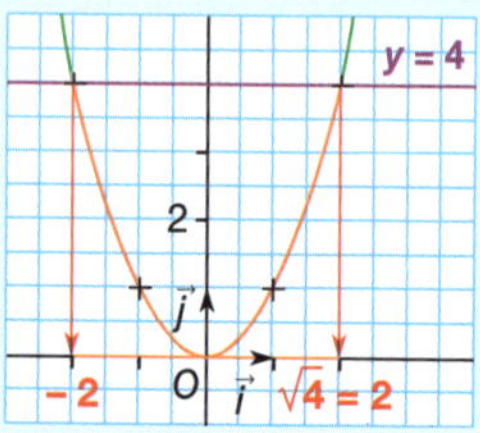


On résout ensuite graphiquement l'inéquation (*cf. fiche* 4) :
les abscisses des points d'intersection de la courbe et de la droite d'équation $y = a$ ($a > 0$) sont les solutions de l'équation $x^2 = a$ : ce sont donc $\sqrt{a}$ et $-\sqrt{a}$.

$S = [-2\,;2]$.

**b.** On se ramène d'abord à une inégalité du type $x^2 < a$ ($x^2 \geqslant a$).

$-4x^2 < -9$

$x^2 > \frac{9}{4}$ $\quad \div (-4)$

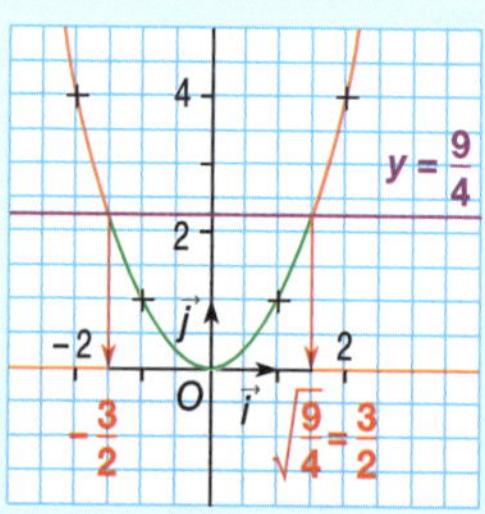


$S = \left]-\infty\,;-\frac{3}{2}\right[ \cup \left]\frac{3}{2}\,;+\infty\right[$.

# Utiliser la fonction inverse pour encadrer ou pour résoudre des inéquations

Fiche 20

## LE COURS

La fonction inverse est la fonction $f$ définie sur $\mathbb{R}\backslash\{0\}$ par $f(x) = \dfrac{1}{x}$.

### Variations de la fonction inverse

| $x$ | $-\infty$ | 0 | $+\infty$ |
|---|---|---|---|
| $\dfrac{1}{x}$ | ↘ | ‖ | ↘ |

### Représentation graphique de la fonction inverse

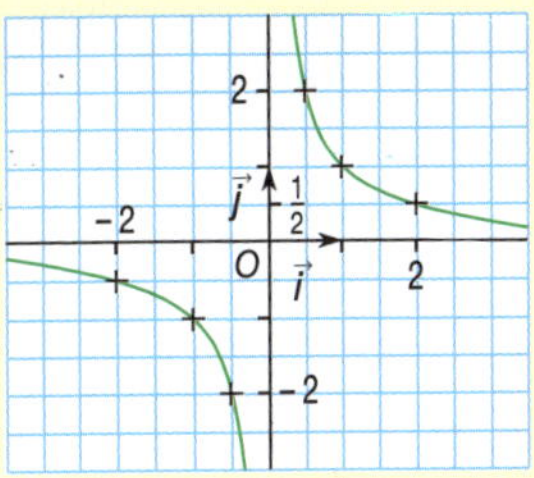


La représentation graphique de $x \mapsto \dfrac{1}{x}$ est une hyperbole.

Cette courbe est symétrique par rapport à $O$.

Ce n'est pas une droite : la fonction inverse n'est pas affine.

## EXERCICES TYPES CORRIGÉS

**EXERCICE 1** Encadrer $\dfrac{1}{x}$ sachant que $x \in [-5\,;-3[$. Justifier.

**EXERCICE 2** Résoudre, dans $\mathbb{R}$ : **a.** $\dfrac{1}{x} \leqslant 1$ ; **b.** $\dfrac{3}{x} > 1$.

## Corrigé

**1** On utilise les variations de $x \mapsto \dfrac{1}{x}$ sur $[-5\,;-3[$ (*cf. fiche* 6).

On connaît les variations de $x \mapsto \dfrac{1}{x}$ sur $[-5\,;-3[$ :

à détacher Vu !

| $x$ | $-5$ | $-3$ |
|---|---|---|
| $\frac{1}{x}$ | $-\frac{1}{5}$ ↘ | $-\frac{1}{3}$ |

le minimum est $-\frac{1}{3}$ (atteint pour $x = -3$) ;

le maximum est $-\frac{1}{5}$ (atteint pour $x = -5$) ;

comme $-3 \notin [-5\,;-3[$, $\frac{1}{x} \neq -\frac{1}{3}$.

Ainsi, **pour tout $x \in [-5\,;-3[$, $-\frac{1}{3} < \frac{1}{x} \leqslant -\frac{1}{5}$.**

En utilisant les variations de $x \mapsto \frac{1}{x}$ sur $]-\infty\,;0[$ et sur $]0\,;+\infty[$, on peut montrer que, si $a < b < 0$ ou si $0 < a < b$, alors $\frac{1}{a} > \frac{1}{b}$ (quand on passe à l'inverse les membres d'une inégalité qui portent sur des réels de même signe, on inverse le sens de l'inégalité).

**2** Comme pour les inéquations comportant uniquement des $x^2$ (*cf. fiche* 19), il est généralement plus rapide de raisonner graphiquement.

**a.** $\frac{1}{x} \leqslant 1$

**b.** On se ramène à une inégalité du type $\frac{1}{x} < a$ $\left(\frac{1}{x} > a\right)$.

$\frac{3}{x} > 1$

$\div 3$

$\frac{1}{x} > \frac{1}{3}$

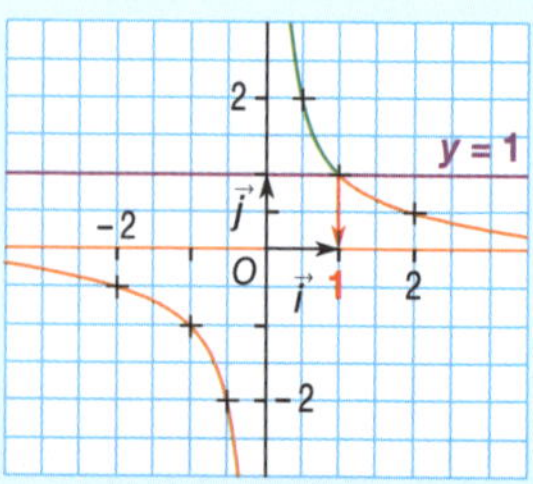


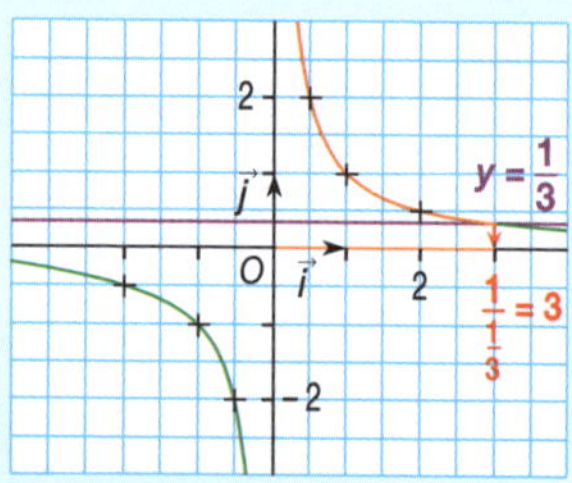


On résout graphiquement l'inéquation (*cf. fiche* 4).
Les abscisses des points d'intersection de la courbe et de la droite d'équation $y = a$ ($a \neq 0$) sont les solutions de l'équation $\frac{1}{x} = a$ : c'est $\frac{1}{a}$.

**$S = ]-\infty\,;0[ \cup [1\,;+\infty[$**

**$S = ]0\,;3[$**

Comme $\frac{1}{x}$ *n'*existe pas pour $x = 0$, 0 est toujours exclu.

# Étudier une fonction polynôme de degré 2

Fiche 21

## LE COURS

Soient $a$ réel avec $a \neq 0$, $b$, $c$ réels ($a \in \mathbb{R}^*$, $b, c \in \mathbb{R}$).
Une fonction polynôme de degré 2 est une fonction $f$ définie sur $\mathbb{R}$ par une expression du type $f(x) = ax^2 + bx + c$.

### Variations de $f : x \mapsto ax^2 + bx + c$ $(a \neq 0)$

Si $a > 0$

| $x$ | $-\infty$ | $-\dfrac{b}{2a}$ | $+\infty$ |
|---|---|---|---|
| $ax^2 + bx + c$ | ↘ | $f\left(-\dfrac{b}{2a}\right)$ | ↗ |

Si $a < 0$

| $x$ | $-\infty$ | $-\dfrac{b}{2a}$ | $+\infty$ |
|---|---|---|---|
| $ax^2 + bx + c$ | ↗ | $f\left(-\dfrac{b}{2a}\right)$ | ↘ |

### Représentation graphique de $x \mapsto ax^2 + bx + c$ $(a \neq 0)$

Si $a > 0$
la parabole est tournée
« vers le haut »

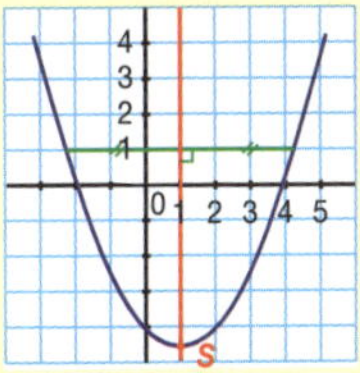


Si $a < 0$
la parabole est tournée
« vers le bas »

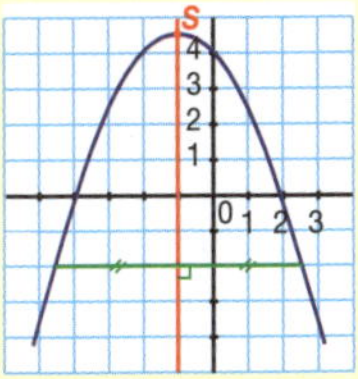


Cette parabole admet un axe de symétrie parallèle à l'axe des ordonnées d'équation $x = -\dfrac{b}{2a}$ et un sommet $S\left(-\dfrac{b}{2a} ; f\left(-\dfrac{b}{2a}\right)\right)$.

## EXERCICES TYPES CORRIGÉS

**EXERCICE 1** Soit $f$ définie sur $\mathbb{R}$ par $f(x) = -3x^2 - 6x + 1$.

1. Montrer que, pour tout $x$, $f(x) = -3(x + 1)^2 + 4$.
2. Donner le tableau de variations de $f$, puis tracer la représentation graphique de $f$, $\mathscr{C}_f$.
3. Encadrer $-3x^2 - 6x + 1$ lorsque $-0,5 \leqslant x \leqslant 1$.



à détacher Vu !

**EXERCICE 2** Déterminer la fonction $f$ donnée par sa représentation graphique et définie par une expression du type $f(x) = ax^2 + bx + c$.

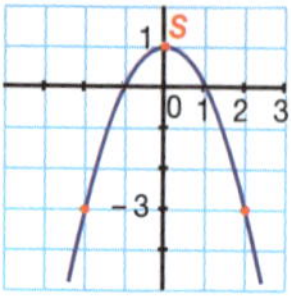


## Corrigé

**1** 1. On développe $-3(x+1)^2+4$ pour trouver $f(x)$ (*cf. fiche* 9).
$\mathbf{-3(x+1)^2+4} = -3(x^2+2x+1)+4 = -3x^2-6x+1 = \mathbf{f(x)}$.

2. Comme $a = -3$, $f$ est d'abord croissante, puis décroissante.

Pour déterminer la valeur où les variations changent, on calcule $-\frac{b}{2a}$.

On a $-\frac{b}{2a} = \frac{6}{2 \times (-3)} = -1$.

D'où le tableau de variations de $f$.

| $x$ | $-\infty$ | $-1$ | $+\infty$ |
|---|---|---|---|
| $f(x)$ | ↗ | 4 | ↘ |

On peut aussi raisonner en utilisant la forme
$-3(x+1)^2+4 = -3(x-(-1))^2+4$.
L'extremum est nécessairement 4 atteint pour $x = -1$.
On le montre en raisonnant comme dans la *fiche* 8.
De façon plus générale, on peut montrer que toute fonction polynôme de degré 2 admet une forme canonique du type $a(x-\alpha)^2+\beta$ (souvent donnée dans l'énoncé). $\alpha$ est la valeur de $x$ où les variations changent ; c'est aussi l'abscisse de $S$ ($S(\alpha\,;\beta)$).
Pour tracer $\mathscr{C}_f$, on remplit un tableau avec la calculatrice (*cf. fiche* 7).

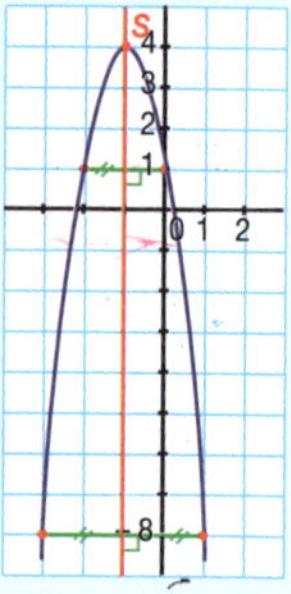


| $x$ | $-3$ | $-2$ | $-1$ | $0$ | $1$ |
|---|---|---|---|---|---|
| $f(x)$ | $-8$ | $1$ | $4$ | $1$ | $-8$ |

3. Le plus simple consiste à utiliser les variations de $f$ sur $[-0,5\,;1]$.
D'après 2., $f$ est décroissante sur $[-0,5\,;1]$. Donc, comme $-0,5 \leqslant x \leqslant 1$, $f(-0,5) \geqslant f(x) \geqslant f(1)$, soit $\mathbf{3,25 \geqslant -3x^2-6x+1 \geqslant -8}$.

**2** On utilise d'abord les coordonnées de $S(0\,;1)$, sommet de la parabole.
Par lecture, le sommet de la parabole a pour abscisse $-\frac{b}{2a} = 0$, donc $\boldsymbol{b = 0}$.
Son ordonnée est alors $f\left(-\frac{b}{2a}\right) = f(0) = c$ ; or, $S(0\,;1)$.
Ainsi, $\mathbf{c = 1}$ et $f$ est définie par $f(x) = ax^2+1$.
On utilise ensuite les coordonnées de deux points connus $A(-1\,;0)$ et $B(1\,;0)$. (Généralement, on choisit, lorsque cela est possible, les points correspondant aux antécédents de 0.)
On lit $f(-1) = 0$ et $f(1) = 0$. Ainsi, $a+1=0$, et $\mathbf{a = -1}$.
**La fonction $f$ recherchée est définie par $f(x) = -x^2+1$.**

# Étudier une fonction homographique

Fiche 22

## LE COURS

Soient $a$, $b$, $c$, $d$ réels, avec $c \neq 0$ ($c \in \mathbb{R}^*$, $a, b, d \in \mathbb{R}$).
Une fonction homographique est une fonction $f$ définie par une expression du type $f(x) = \dfrac{ax+b}{cx+d}$.
Son ensemble de définition est l'ensemble des $x$ tels que le dénominateur $(cx + d)$ soit non nul (cf. fiche 12).

## EXERCICE TYPE CORRIGÉ

Soit $f$ définie par $f(x) = \dfrac{3}{x+1} - 1$.

1. Déterminer l'ensemble de définition de $f$, noté $\mathcal{D}_f$.
2. $f$ est-elle une fonction homographique ?
3. À l'aide de la calculatrice, conjecturer les variations de $f$.
4. Montrer les conjectures établies au 3.

## Corrigé

**1.** On cherche l'ensemble des $x$ tels que $f(x)$ existe : $f(x)$ est la somme du quotient $\dfrac{3}{x+1}$ et de $-1$ ; donc $f(x)$ existe si, et seulement si, le dénominateur $x + 1$ est non nul (cf. fiche 12).
$f(x)$ existe si, et seulement si, $x + 1 \neq 0$ soit si, et seulement si, $x \neq -1$.
Ainsi, $\mathcal{D}_f = \mathbb{R} \setminus \{-1\}$.

**2.** Pour le savoir, il suffit de réduire au même dénominateur $f(x)$ pour se ramener à un quotient (cf. fiche 9): pour tout $x \neq -1$, on a :

$$f(x) = \frac{3}{x+1} - \frac{1}{1} = \frac{3}{x+1} - \frac{1(x+1)}{x+1} = \frac{3-(x+1)}{x+1} = \frac{3-x-1}{x+1} = \frac{-x+2}{x+1}.$$

On a une expression du type $\dfrac{ax+b}{cx+d}$ ($a = -1$ ; $b = 2$ ; $c = d = 1$).

**Ainsi, $f$ est une fonction homographique.**

**3.** Pour cela, on fait tracer la courbe de $f$ en mode GRAPH ou TRACE en choisissant comme fenêtre graphique (cf. fiches 7 et 8) :
$x_{min} = -10$ ; $x_{max} = 10$ ; $x_{scl} = 1$ ;
$y_{min} = -10$ ; $y_{max} = 10$ ; $y_{scl} = 1$.



à détacher Vu !

Attention à ne pas oublier les parenthèses quand on saisit l'expression de $f(x)$ : on doit saisir $Y = (-x + 2)/(x + 1)$.

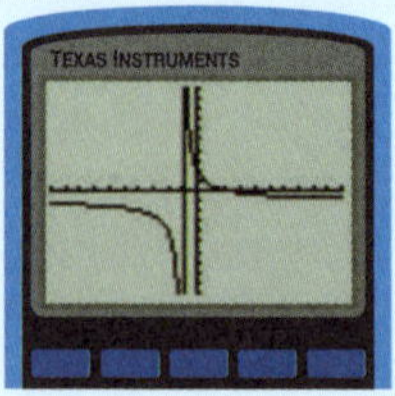


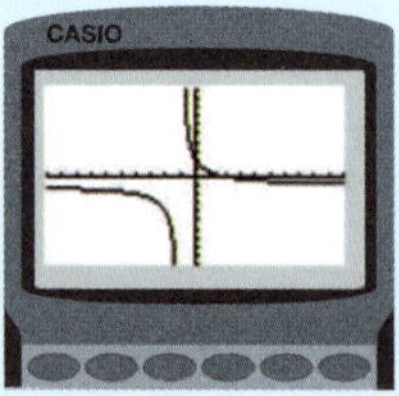


***f* semble être décroissante sur $]-\infty\,;-1[$ et sur $]-1\,;+\infty[$.**

| $x$ | $-\infty$ | $-1$ | $+\infty$ |
|---|---|---|---|
| $f(x)$ | ↘ | ‖ | ↘ |

Par convention, on met des doubles barres pour les valeurs interdites.

**4.** Pour étudier les variations d'une fonction $f$ sur un intervalle $I$ :

- on considère deux réels $a$ et $b$ de $I$, avec $a \leqslant b$ ;
- on compare $f(a)$ et $f(b)$ (*cf. fiche* 18) ;
- on conclut : $\begin{cases} \text{si } f(a) \leqslant f(b), \text{ alors } f \text{ est croissante sur } I \\ \text{si } f(a) \geqslant f(b), \text{ alors } f \text{ est décroissante sur } I. \end{cases}$

Montrons d'abord que $f$ est décroissante sur $]-\infty\,;-1[$ :
Soient $a, b \in\, ]-\infty\,;-1[$ tels que $a \leqslant b$.

Comparons $f(a)$ et $f(b)$ en travaillant sur les inégalités : on choisit la 1re forme de $f(x)$, qui permet d'utiliser les variations de la fonction inverse (la 2e forme de $f(x)$ ne peut pas être utilisée, car on ne peut pas diviser membre à membre).

On raisonne en respectant les priorités opératoires : d'abord, les parenthèses ; puis les puissances/racines carrées/passage à l'inverse ; puis les multiplications/divisions ; puis les additions/soustractions.

On a : $a \leqslant b < -1$

+1 un trait de fraction fait office de ( )

$a + 1 \leqslant b + 1 < 0$

car $x \mapsto \dfrac{1}{x}$ est décroissante sur $]-\infty\,;0[$

$0 > \dfrac{1}{a+1} \geqslant \dfrac{1}{b+1}$

×3

$0 > \dfrac{3}{a+1} \geqslant \dfrac{3}{b+1}$

−1

$-1 > \dfrac{3}{a+1} - 1 \geqslant \dfrac{3}{b+1} - 1$

$f(a) \geqslant f(b)$ et ***f* est décroissante sur $]-\infty\,;-1[$.**

On montrerait de même que ***f* est décroissante sur $]-1\,;+\infty[$** en considérant deux réels $a, b \in\, ]-1\,;+\infty[$ tels que $a \leqslant b$ et en utilisant le fait que $x \mapsto \dfrac{1}{x}$ est décroissante sur $]0\,;+\infty[$.

# Repérer un point sur le cercle trigonométrique

Fiche 23

LE COURS

## Cercle trigonométrique

Un cercle trigonométrique est un cercle orienté de rayon 1 pour lequel le sens direct (⊕) de parcours est celui indiqué ci-contre.

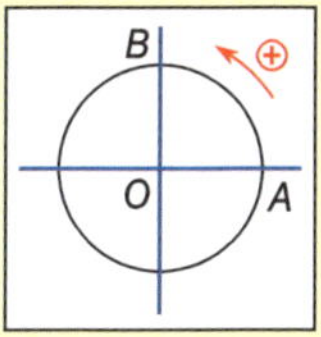


## « Enroulement de la droite numérique » sur le cercle trigonométrique

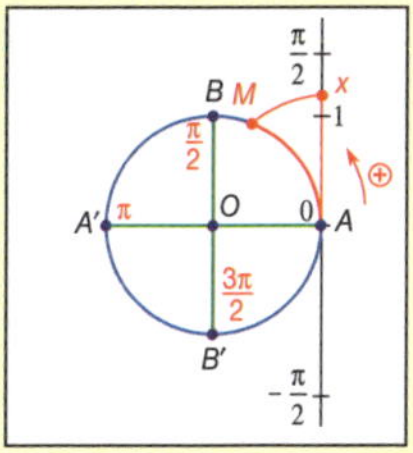


Soit ($\mathscr{C}$) un cercle trigonométrique.

On enroule la droite numérique (droite graduée qui représente l'ensemble de tous les réels) sur ($\mathscr{C}$).

À tout réel $x$ (de la droite numérique) est associé un unique point $M$ sur le cercle trigonométrique : si $x \geqslant 0$, on parcourt ($\mathscr{C}$) dans le sens direct ; si $x \leqslant 0$, on parcourt ($\mathscr{C}$) dans le sens indirect .

Réciproquement, à tout point $M$ du cercle est associé une infinité de réels, et si à $M$ est associé le réel $x$, on peut associer à $M$ tous les réels $x + 2k\pi$, $k \in \mathbb{Z}$.

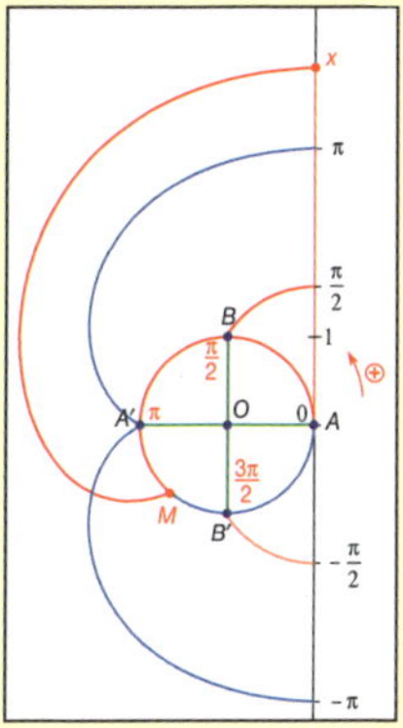


Au réel $\frac{\pi}{2}$ est associé le point $B$ ;

au réel $5\pi$ est associé $A'$ ;

au réel $-\frac{\pi}{2}$ est associé $B'$.

Au point $A$ sont associés les réels :

$0 ; 2\pi ; 4\pi ; -2\pi ; 2k\pi \ (k \in \mathbb{Z})$ ;

au point $B$ sont associés les réels :

$0 ; \frac{\pi}{2} ; \frac{5\pi}{2} ; -\frac{3\pi}{2} ; \frac{\pi}{2} + 2k\pi \ (k \in \mathbb{Z})$.



à détacher Vu !

## EXERCICES TYPES CORRIGÉS

**EXERCICE 1** Placer sur le cercle trigonométrique les points $M$, $N$, $P$, $Q$, $R$, associés respectivement aux réels : $\frac{3\pi}{2}$ ; $-5\pi$ ; $\frac{3\pi}{6}$ ; $\frac{\pi}{4}$ ; $-\frac{2\pi}{3}$.

**EXERCICE 2** On considère le point $M$ du cercle trigonométrique $(\mathscr{C})$ associé au réel $\frac{49\pi}{6}$. Indiquer le réel de $]-\pi\ ;\ \pi]$ associé à $M$.

### Corrigé

**1** On sait que le périmètre de $(\mathscr{C})$ est $2\pi$, le demi-périmètre est $\pi$, ...
Donc pour placer le point associé au réel $2\pi$, on décrit, dans le sens direct, le cercle $(\mathscr{C})$ complètement (« on fait 1 tour ») et on obtient le point $A$ ; pour placer le point associé au réel $\pi$, on décrit, dans le sens direct, la moitié du cercle $(\mathscr{C})$ et on obtient le point $A'$ ; pour placer le point associé au réel $-\frac{\pi}{2}$, on décrit, dans le sens indirect, un quart du cercle $(\mathscr{C})$ et on obtient le point $B'$...

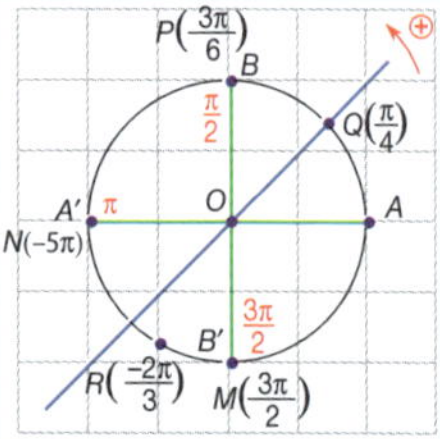


Pour placer $M$, on décrit, dans le sens direct, trois quarts du cercle $(\mathscr{C})$ $\left(\frac{3\pi}{2} = 3 \times \frac{\pi}{2}\right)$ : $M = B'$.

Pour placer $N$, on décrit, dans le sens indirect, deux fois le cercle $(\mathscr{C})$ et la moitié de $(\mathscr{C})$ $(-5\pi = -(4\pi + \pi) = -(2 \times 2\pi + \pi))$ : $N = A'$.

Pour placer $P$, on décrit, dans le sens direct, un quart du cercle $(\mathscr{C})$ $\left(\frac{3\pi}{6} = \frac{\pi}{2}\right)$ : $P = B$.

Pour placer $Q$, on décrit, dans le sens direct, un huitième du cercle $(\mathscr{C})$ $\left(\frac{\pi}{4} = \frac{1}{2} \times \frac{\pi}{2}\right)$ : comme il y a proportionnalité entre la longueur de l'arc $\widehat{AQ}$ et l'angle $\widehat{AOQ} = \frac{1}{2} \times \widehat{AOB}$, il suffit de tracer la bissectrice de $\widehat{AOB}$.

Pour placer $R$, on décrit, dans le sens indirect, un tiers du cercle $(\mathscr{C})$ $\left(-\frac{2\pi}{3} = -\frac{1}{3} \times 2\pi\right)$.

**2** On cherche combien de tours on fait sur le cercle trigonométrique pour obtenir le point $M$. Pour cela, comme 1 tour sur $(\mathscr{C})$ a pour longueur $2\pi$, on cherche deux multiples consécutifs de $2\pi$ qui encadrent $\frac{49\pi}{6}$ : les multiples de $2\pi$ sont $4\pi$, $6\pi$, $8\pi$, ...

On a $8 \leqslant \frac{49}{6} \leqslant 10$ $\left(\frac{49}{6} \approx 8,16\right)$ et $8\pi \leqslant \frac{49\pi}{6} \leqslant 10\pi$.

Or, $\frac{49\pi}{6} - 8\pi = \frac{\pi}{6}$. Ainsi, $\mathbf{\frac{49\pi}{6} = 4 \times 2\pi + \frac{\pi}{6}}$ **et** $\mathbf{\frac{\pi}{6} \in ]-\pi\ ;\ \pi]}$.

On fait quatre tours et un douzième de tour pour placer $M$.

**Le réel recherché est $\frac{\pi}{6}$ ; à $M$ sont associés les réels $\frac{\pi}{6} + 2k\pi$ ($k \in \mathbb{Z}$).**

$\frac{\pi}{6} \in ]-\pi\ ;\ \pi]$ est appelée mesure principale de $\frac{49\pi}{6}$.

# Définir le cosinus et le sinus d'un réel



LE COURS

## Définition et valeurs remarquables

À tout réel $x$ est associé un unique point $M$ du cercle trigonométrique.
$M$ a pour coordonnées $M(\cos x ; \sin x)$ dans le repère orthonormé $(O ; \overrightarrow{OA}, \overrightarrow{OB})$.

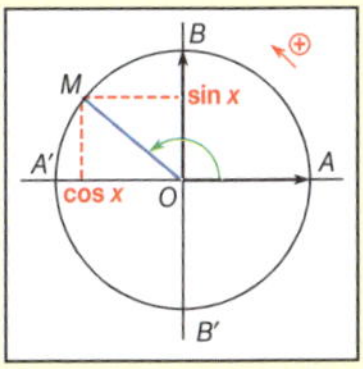


En particulier :

| $x$ | 0 | $\frac{\pi}{6}$ | $\frac{\pi}{4}$ | $\frac{\pi}{3}$ | $\frac{\pi}{2}$ | $\pi$ ($\frac{1}{2}$ tour) |
|---|---|---|---|---|---|---|
| $\widehat{AOM}$ | 0 | 30° | 45° | 60° | 90° | 180° |
| $\cos x$ | 1 | $\frac{\sqrt{3}}{2}$ | $\frac{\sqrt{2}}{2}$ | $\frac{1}{2}$ | 0 | $-1$ |
| $\sin x$ | 0 | $\frac{1}{2}$ | $\frac{\sqrt{2}}{2}$ | $\frac{\sqrt{3}}{2}$ | 1 | 0 |

Il y a proportionnalité entre la longueur $x$ de l'arc $\widehat{AM}$ et la mesure de l'angle $\widehat{AOM}$ en degrés.

*Pour* $x \in \left]0 ; \frac{\pi}{2}\right[$, cette définition est cohérente avec celles du cosinus et du sinus dans un triangle rectangle étudiées au collège (*cf. fiche* 28).

## Propriétés algébriques

Pour tout réel $x$ :

$-1 \leqslant \cos x \leqslant 1$ $\quad$ $-1 \leqslant \sin x \leqslant 1$

$\cos(x + 2\pi) = \cos x$ $\quad$ $\sin(x + 2\pi) = \sin x$

$\cos(-x) = \cos x$ $\quad$ $\sin(-x) = -\sin x$

$$\cos^2 x + \sin^2 x = 1$$



à détacher Vu !

## EXERCICES TYPES CORRIGÉS

**EXERCICE 1** Vrai ou Faux. Justifier.

1. Il existe un réel $x$ tel que $\cos x = 0{,}6$.
2. Il existe un unique réel $x$ tel que $\sin x = -0{,}3$.
3. Pour tout réel $x$, $0 \leqslant \cos x \leqslant 1$.

**EXERCICE 2** Soit $x \in \left[-\pi ; -\frac{\pi}{2}\right]$ tel que $\cos x = -\frac{5}{7}$.

Calculer la valeur exacte de $\sin x$.

## Corrigé

**1** **1.** Pour savoir si la proposition est vraie ou fausse, on s'aide du cercle trigonométrique. Ensuite, on justifie comme précisé *fiche* 60.

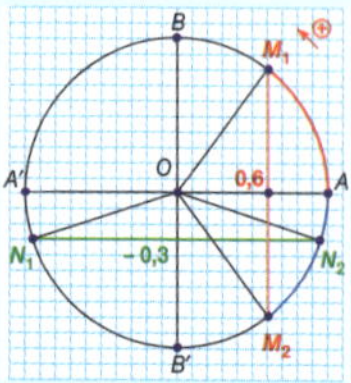


Comme $\cos x$ est l'abscisse du point $M$, on place 0,6 sur l'axe des abscisses ($OA$) et on cherche le ou les points $M$ du cercle ($\mathscr{C}$) qui ont pour abscisse 0,6. Il y en a 2, les points $M_1$ et $M_2$.

**Vrai : il existe au moins un réel $x_1$ (ou $x_2$) associé au point $M_1$ (ou $M_2$) du cercle trigonométrique tel que $\cos x = 0{,}6$.**

En fait, il en existe une infinité : ce sont tous les réels de la forme $x_1 + 2k\pi$, $x_2 + 2k\pi$ ($k \in \mathbb{Z}$) (*cf. fiche* 23).

**2.** On cherche les points $N$ de ($\mathscr{C}$) qui ont pour ordonnée – 0,3.

**Faux : il existe au moins deux réels $y_1$ et $y_2$ associés aux points $N_1$ et $N_2$ du cercle trigonométrique tels que $\sin x = -0{,}3$.**

**3.** **Faux : $\cos \pi = -1$ et $-1 \notin [0 ; 1]$.**

**2** On commence par placer le point $M$ associé à $x$ sur le cercle ($\mathscr{C}$) pour déterminer le signe de $\sin x$.

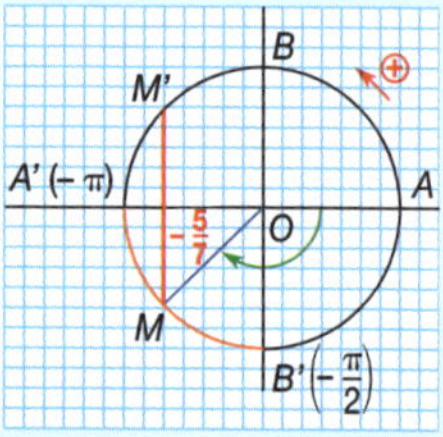


Comme $x \in \left[-\pi ; -\frac{\pi}{2}\right]$, $M$ est sur l'arc $\widehat{A'B'}$ et $\sin x < 0$.

On utilise ensuite la propriété : $\cos^2 x + \sin^2 x = 1$.

Comme $x \in \left[-\pi ; -\frac{\pi}{2}\right]$, $\sin x < 0$.

De plus, $\cos^2 x + \sin^2 x = 1$.

Ainsi, $\sin^2 x = 1 - \cos^2 x = 1 - \left(-\frac{5}{7}\right)^2 = 1 - \frac{25}{49} = \frac{24}{49}$.

On reconnaît $X^2 = \frac{24}{49} \Leftrightarrow X = \sqrt{\frac{24}{49}}$ ou $X = -\sqrt{\frac{24}{49}}$ (*cf. fiche* 11).

et $\sin x = \sqrt{\frac{24}{49}}$ ou $\sin x = -\sqrt{\frac{24}{49}}$.

Or, $\sin x < 0$ donc $\boldsymbol{\sin x = -\sqrt{\frac{24}{49}} = -\frac{\sqrt{24}}{7}}$.

# Reconnaître des figures clés pour montrer un parallélisme

Fiche 25

LE COURS

## Propriétés sur les triangles et les quadrilatères

**• Médianes et centre de gravité**

Si (*AI*) et (*BJ*) sont deux médianes du triangle *ABC* qui se coupent en *G*, alors
{ *G* est le centre de gravité de *ABC* ;
les points *C*, *G* et *K* sont alignés.

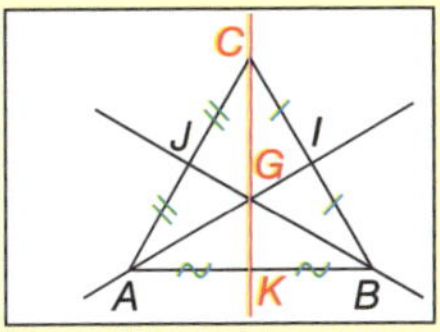


**• Parallélogrammes**

Si *O* milieu de [*AC*] et de [*BD*], alors
{ *ABCD* est un parallélogramme ;
(*AB*) // (*DC*) et (*AD*) // (*BC*).

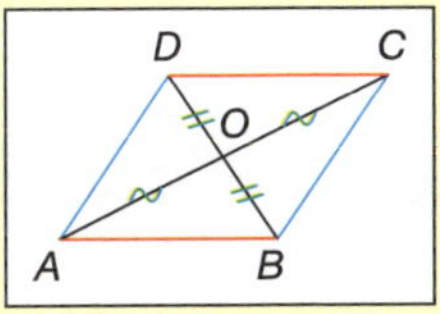


## Autres propriétés

**• Parallélisme et orthogonalité**

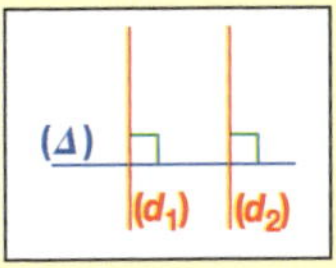


{ si ($d_1$) ⊥ (Δ)
si ($d_2$) ⊥ (Δ),
alors ($d_1$) // ($d_2$).

**• Droite des milieux**

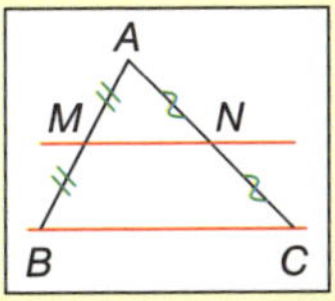


{ si *M* milieu de [*AB*]
si *N* milieu de [*AC*],
alors (*BC*) // (*MN*).

**• Angles correspondants**

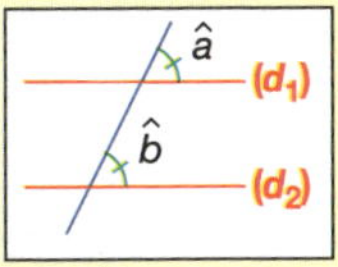


si $\widehat{a} = \widehat{b}$,
alors ($d_1$) // ($d_2$).

**• Réciproque de Thalès**

{ Si *A*, *B*, *M* et *A*, *C*, *N* alignés dans le même ordre
si $\frac{AB}{AM} = \frac{AC}{AN}$,

alors (*BC*) // (*MN*).

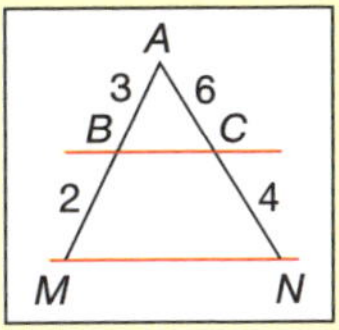

## EXERCICE TYPE CORRIGÉ

Soit $ABCD$ un quadrilatère quelconque ; soient $I$, $J$, $K$ et $L$ les milieux respectifs de $[AB]$, $[BC]$, $[CD]$ et $[AD]$.

1. Faire une figure avec un logiciel de géométrie dynamique. En faisant bouger les points $A$, $B$, $C$, $D$, que peut-on conjecturer sur la nature de $IJKL$ ?
2. Montrer la conjecture.

## Corrigé

1. Pour cela, on place d'abord quatre points libres $A$, $B$, $C$, $D$ dans le plan, puis on crée le quadrilatère $ABCD$.
On crée ensuite les milieux de $[AB]$, $[BC]$, $[CD]$ et $[AD]$ que l'on renomme respectivement $I$, $J$, $K$, L.
Enfin, on crée le quadrilatère $IJKL$.
**En faisant bouger les points $A$, $B$, $C$, $D$, il semblerait que le quadrilatère $IJKL$ soit un parallélogramme.**

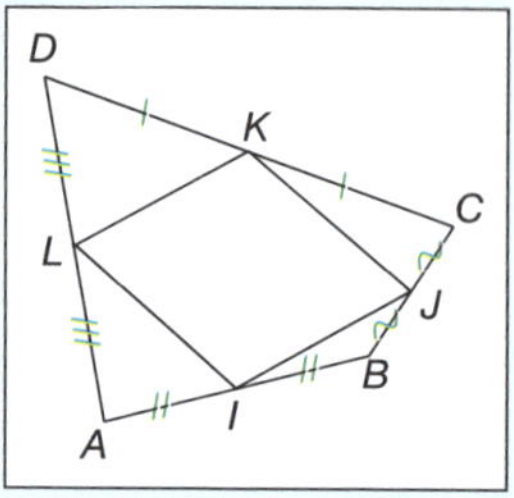


2. Pour faire une démonstration, on commence toujours par noter les hypothèses et la conclusion :

($H_1$) $I$ milieu de $[AB]$,
($H_2$) $J$ milieu de $[BC]$,
($H_3$) $K$ milieu de $[CD]$,
($H_4$) $L$ milieu de $[AD]$.

(C) $IJKL$ parallélogramme, soit $(IJ)//(KL)$ et $(IL)//(JK)$.

On cherche ensuite à reconnaître les figures clés pour montrer un parallélisme. La présence de milieux de segments fait penser à utiliser le théorème de la droite des milieux :

D'après le théorème de la droite des milieux dans le triangle $ABC$,
($H_1$) $I$ étant le milieu de $[AB]$
($H_2$) $J$ étant le milieu de $[BC]$ }, on a $(IJ)//(AC)$.

De même dans le triangle $ADC$,
($H_3$) $K$ étant le milieu de $[CD]$
($H_4$) $L$ étant le milieu de $[AD]$ }, on a $(KL)//(AC)$.

Ainsi, $(IJ)//(KL)$ $(//(AC))$.

On montrerait de même, en utilisant le théorème de la droite des milieux dans les triangles $ABD$ et $BCD$, que $(IL)//(JK)$ $(//(BD))$.

Ainsi, **comme $(IJ)//(KL)$ et $(IL)//(JK)$, $IJKL$ est un parallélogramme.**

# Reconnaître des figures clés pour montrer une orthogonalité

**Fiche 26**

**LE COURS**

## Propriétés sur les triangles et les quadrilatères

- **Hauteurs et orthocentre**

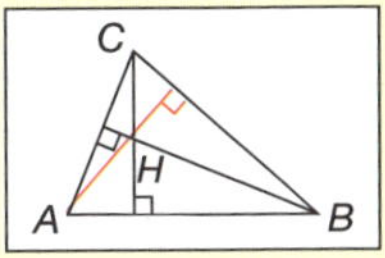


Si $(BH) \perp (AC)$
si $(CH) \perp (AB)$
alors $\begin{cases} H \text{ est l'orthocentre de } ABC \\ (AH) \perp (BC). \end{cases}$

- **Médiatrices et centre du cercle circonscrit**

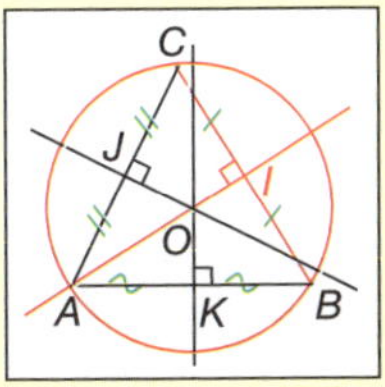


Si $(OJ) \perp (AC)$, où $J$ est le milieu de $[AC]$
si $(OK) \perp (AB)$, où $K$ est le milieu de $[AB]$
alors $\begin{cases} O \text{ est le centre du cercle circonscrit} \\ OA = OB = OC \\ (OI) \perp (BC), \text{ où } I \text{ est le milieu de } [BC] \end{cases}$

- **Triangles rectangles inscrits dans un cercle**

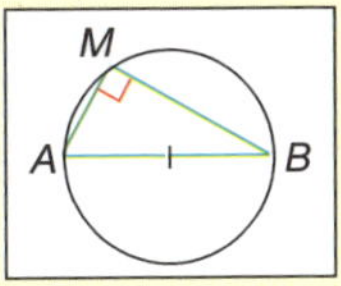


Si $M \neq A$ et $M \neq B$, et
si $M$ est sur le cercle
de diamètre $[AB]$, alors
$\begin{cases} ABM \text{ est rectangle en } M \\ (AM) \perp (BM). \end{cases}$

- **Losanges**

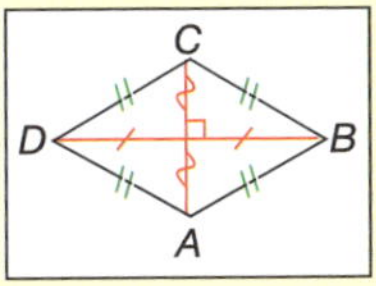


Si $AB = BC = CD = AD$,
alors $ABCD$ est un losange
et
$\begin{cases} (AC) \perp (BD) \\ [AC] \text{ et } [BD] \text{ ont même milieu.} \end{cases}$

- **Rectangles**

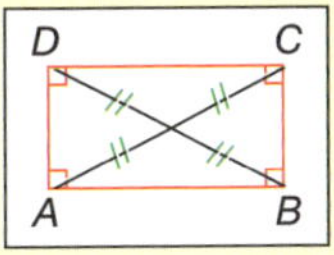


Si $[AC]$ et $[BD]$ ont même milieu et même longueur, alors
$ABCD$ est un rectangle et $(AB) \perp (BC) \perp (CD) \perp (AD)$.

- **Carrés**

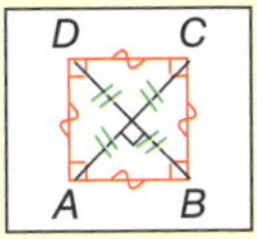


Si $[AC]$ et $[BD]$ ont même milieu, même longueur, et $(AC) \perp (BD)$, alors

$ABCD$ est un carré et $\begin{cases} AB = BC = CD = AD \\ (AB) \perp (BC) \perp (CD) \perp (AD) \end{cases}$



Vu ! à détacher

Les propriétés réciproques pour les quadrilatères sont vraies aussi :

• si les diagonales d'un quadrilatère *ABCD* ont même milieu et sont orthogonales, alors *ABCD* est un losange et a 4 côtés égaux ;

• si *ABCD* a 4 angles droits, alors c'est un rectangle et ses diagonales ont même milieu et même longueur;

• si *ABCD* a 4 côtés de même longueur et 4 angles droits, alors c'est un carré et ses diagonales ont même milieu, même longueur et sont orthogonales.

## Autres propriétés

**• Orthogonalité et parallélisme**

si $(d_1) // (d_2)$
si $(d_1) \perp (\Delta)$
alors $(d_2) \perp (\Delta)$

**• Réciproque de Pythagore**

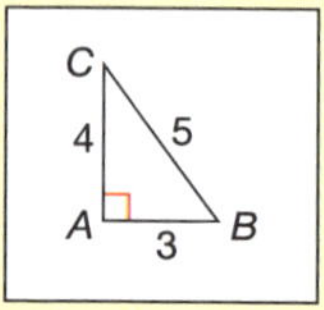


si $AB^2 + AC^2 = BC^2$
alors $(AB) \perp (AC)$

**• Médiatrice d'un segment**

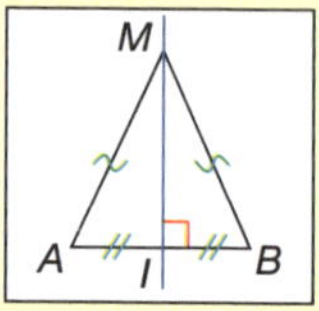


si $MA = MB$
si $I$ milieu de $[AB]$
alors $(MI) \perp (AB)$

## EXERCICE TYPE CORRIGÉ

Soit *ABCD* un parallélogramme. Soit *I* le projeté orthogonal de *A* sur (*BC*) et *J* celui de *B* sur (*AC*). Soit *O* le point d'intersection de (*AI*) et de (*BJ*). Montrer que $(OC) \perp (DC)$.

### Corrigé

D'abord, il faut faire une figure et noter hypothèses et conclusion.

($H_1$) *ABCD* parallélogramme,
($H_2$) $(AI) \perp (BC)$ et $I \in (BC)$,
($H_3$) $(BJ) \perp (AC)$ et $J \in (AC)$,
($H_4$) *O* point d'intersection de (*AI*) et de (*BJ*).
(C) $(OC) \perp (DC)$.

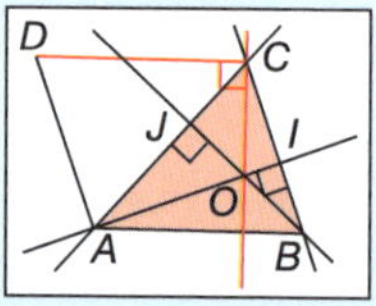


On cherche ensuite à reconnaître les figures clés :

• la présence de droites orthogonales et du point d'intersection *O* de (*AI*) et de (*BJ*) fait penser à utiliser les hauteurs et l'orthocentre *O* du triangle *ABC* : $(OC) \perp (AB)$ ;

• l'association orthogonalité/parallélogramme fait penser à utiliser la figure clé orthogonalité et parallélisme pour conclure.

D'après ($H_2$) et ($H_3$), (*AI*) et (*BJ*) sont deux hauteurs du triangle *ABC*. D'après ($H_4$), *O* étant leur point d'intersection, *O* est l'orthocentre du triangle *ABC*. Ainsi, (*OC*) est la 3e hauteur de *ABC* et $(OC) \perp (AB)$.
Or, d'après ($H_1$), $(AB) // (DC)$. Ainsi, on a bien $\mathbf{(OC) \perp (DC)}$.

# Reconnaître des figures clés pour déterminer une longueur ou un milieu

Fiche 27

LE COURS

## Propriétés sur les triangles et les quadrilatères

- **Médianes et centre de gravité**

Si $(AI)$ et $(BJ)$ sont deux médianes qui se coupent en $G$,

alors
- $G$ est le centre de gravité de $ABC$ ;
- $AG = \frac{2}{3}AI$, $GI = \frac{1}{3}AI$, $AG = 2GI$ ;
- $(CG)$ coupe $[AB]$ en son milieu.

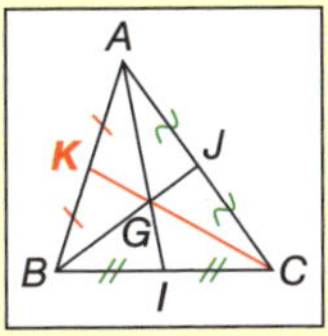


- **Triangles rectangles inscrits dans un cercle**

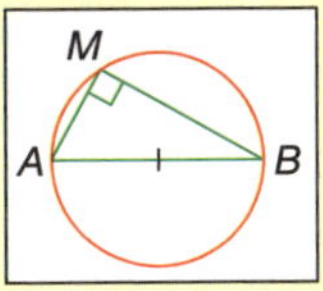


Si $ABM$ est rectangle en $M$, alors $M$ est sur le cercle de diamètre $[AB]$.

- **Parallélogrammes**

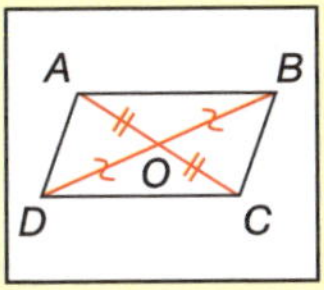


Si $(AB)//(DC)$ et $(AD)//(BC)$,

alors
- $AB = DC$ et $AD = BC$
- $O$ milieu de $[BD]$ et $[AC]$.

Les propriétés (réciproques) sur les losanges/rectangles/carrés (*cf. fiche* 26) correspondent aussi à des figures clés permettant de déterminer une longueur ou un milieu.

## Autres propriétés

- **Théorème de Pythagore**

Si $ABC$ est rectangle en $A$, alors $AB^2 + AC^2 = BC^2$.

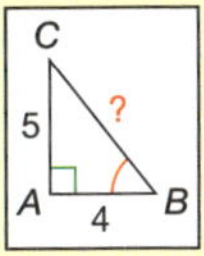


- **Trigonométrie dans un triangle rectangle**

Si $ABC$ rectangle en $A$, alors

$$\begin{cases} AB = \cos \widehat{ABC} \times BC \\ AC = \sin \widehat{ABC} \times BC \\ AC = \tan \widehat{ABC} \times AB \end{cases}$$

- **Théorème de Thalès**

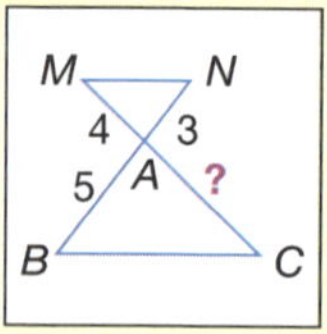


Si (*MN*) // (*BC*), alors $\frac{AM}{AC}=\frac{AN}{AB}=\frac{MN}{BC}$.

- **Droite des milieux**

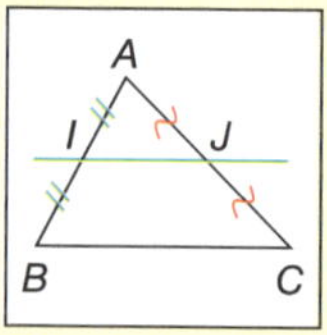


Si *I* est le milieu de [*AB*], si (*IJ*)//(*BC*) et *J* ∈ [*AC*], alors *J* est le milieu de [*AC*].

- **Médiatrice d'un segment**

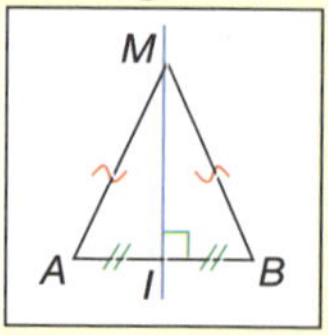


Si *M* est sur la médiatrice de [*AB*], alors *MA* = *MB*.

## EXERCICE TYPE CORRIGÉ

Soit *ABCD* un parallélogramme de centre *O*. Soit *P* le symétrique de *A* par rapport à *D*. Soit *Q* le point d'intersection de (*BP*) et de (*DC*) et *R* celui de (*DQ*) et (*OP*).

1. Montrer que *Q* est le milieu de [*BP*].
2. Montrer que (*BR*) coupe [*DP*] en son milieu.

### Corrigé

**1.** On fait une figure et on note hypothèses et conclusion :

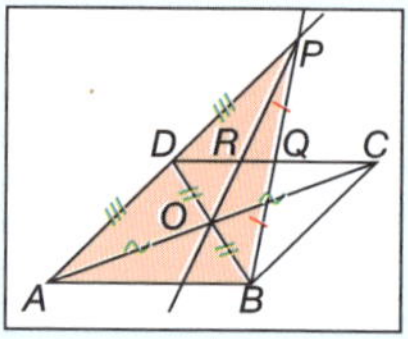


($H_1$) *ABCD* parallélogramme de centre *O* ;
($H_2$) *P* symétrique de *A* par rapport à *D* ;
($H_3$) *Q* point d'intersection de (*BP*) et de (*DC*) ;
($H_4$) *R* point d'intersection de (*DQ*) et de (*OP*).
(C) *Q* milieu de [*BP*].

Puis on cherche à reconnaître les figures clés :
la présence de milieux associée à un parallélogramme et donc à des droites parallèles fait penser à utiliser le théorème de la droite des milieux.

Dans le triangle *ABP*, *D* est le milieu de [*AP*] (($H_2$)). De plus, d'après ($H_1$), (*AB*) // (*DC*) ; soit, encore, d'après ($H_3$), (*AB*) // (*DQ*). Ainsi, **d'après le théorème de la droite des milieux, comme *Q* ∈ (*BP*) (($H_3$)), *Q* est bien le milieu de [*BP*].**

**2.** On a toujours ($H_1$), ($H_2$), ($H_3$) ;

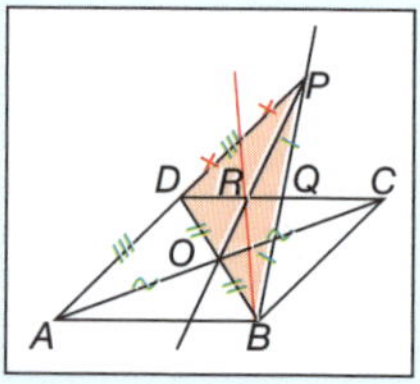


($H_4$) *R* point d'intersection de (*DQ*) et de (*OP*) ;
($H_5$) *Q* milieu de [*BP*] (d'après 1.).
(C) (*BR*) coupe [*DP*] en son milieu.

La présence de milieux associée à des points d'intersection de droites fait penser à utiliser les médianes et le centre de gravité d'un triangle.

D'après ($H_1$), *O* est le milieu de [*BD*], et (*OP*) est une médiane du triangle *BDP* ; de même, d'après ($H_5$), (*DQ*) est une 2e médiane de ce triangle. Ainsi, leur point d'intersection, *R* (($H_4$)), est le centre de gravité de *BDP*. **(*BR*) est alors la 3e médiane de *BDP* et coupe donc [*DP*] en son milieu.**

# Reconnaître des figures clés pour déterminer un angle

Fiche 28

## LE COURS

### Propriétés sur les triangles

**• Triangles isocèles**

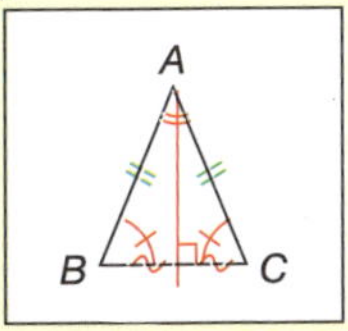


Si $ABC$ est isocèle en $A$, alors $\widehat{ABC} = \widehat{ACB}$ et la médiane issue de $A$ est aussi médiatrice/hauteur et bissectrice.

**• Triangles équilatéraux**

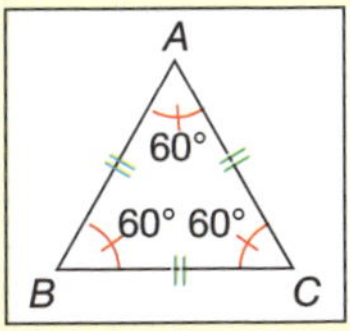


Si $ABC$ équilatéral, alors $\widehat{ABC} = \widehat{ACB} = \widehat{BAC} = 60°$ et médianes/médiatrices/hauteurs/bissectrices sont confondues.

### Autres propriétés

**• Trigonométrie dans un triangle rectangle**

Si $ABC$ rectangle en $A$, alors
$$\begin{cases} \cos \widehat{ABC} = \dfrac{AB}{BC} \\ \sin \widehat{ABC} = \dfrac{AC}{BC} \\ \tan \widehat{ABC} = \dfrac{AC}{AB} \end{cases}$$

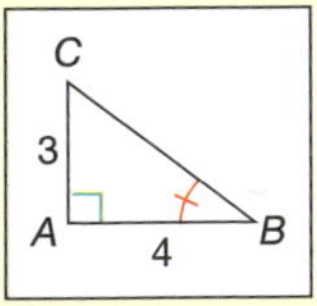


**• Angles alternes externes, alternes internes, correspondants**

Si $(d_1) // (d_2)$,
alors $\hat{a} = \hat{b}$ (angles correspondants)
$\hat{b} = \hat{c}$ (angles alternes internes)
$\hat{a} = \hat{d}$ (angles alternes externes)

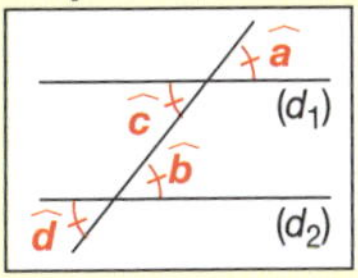


**• Angles inscrits**

• Si $M$ et $N$ sont deux points du même arc $\overset{\frown}{AB}$, alors $\widehat{AMB} = \widehat{ANB}$.
• Si $M$ est un point du grand arc $\overset{\frown}{AB}$, alors $\widehat{AMB} = \dfrac{1}{2}\widehat{AOB}$.

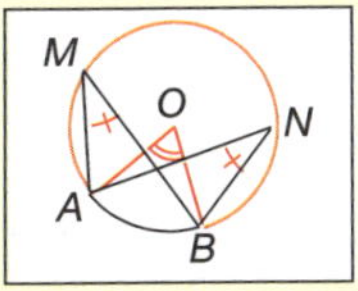


**• Bissectrice**

Si $(AC)$ est la bissectrice de $\widehat{BAD}$, alors $\widehat{DAC} = \widehat{CAB}$.

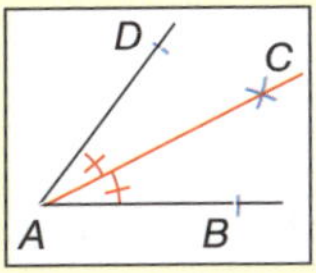

## EXERCICE TYPE CORRIGÉ

Dans la figure ci-contre, *ABCD* est un carré et *ABE* est équilatéral.

1. Montrer que $\widehat{EDC} = 15°$.

2. *F* est sur le cercle ($\mathscr{C}$) circonscrit au triangle *ADE*. Déterminer $\widehat{EFA}$.

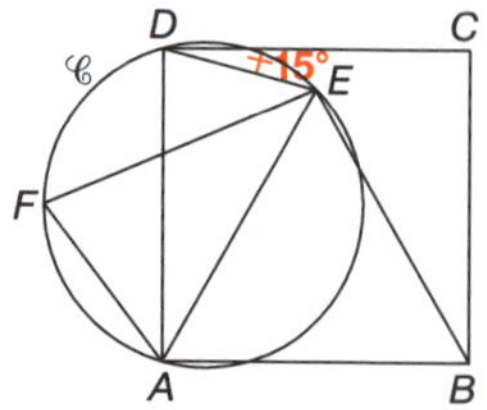


## Corrigé

1. On écrit d'abord hypothèses et conclusion :

($H_1$) *ABCD* est un carré ;
($H_2$) *ABE* est équilatéral.
(C) $\widehat{EDC} = 15°$

Comme souvent, quand il s'agit de déterminer des angles, il suffit de raisonner directement sur la figure en utilisant les conventions de dessin sur les égalités de longueur et les angles.
On reconnaît comme figures clés un triangle équilatéral et un isocèle.

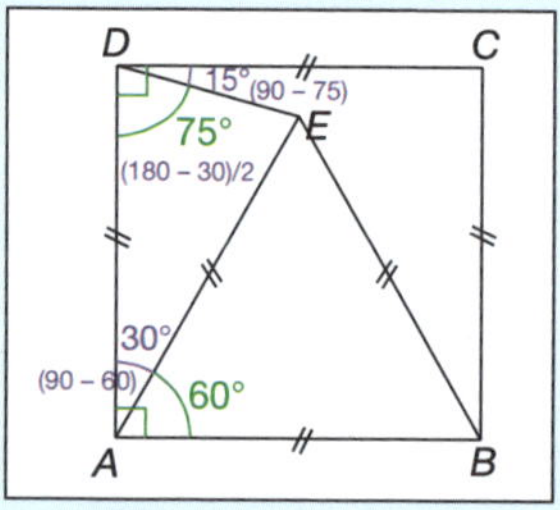


On a $\widehat{BAE} = 60°$, (($H_2$)) et $\widehat{DAB} = 90°$ (($H_1$)), donc $\widehat{DAE} = 90 - 60$, soit $\widehat{DAE} = 30°$.

De plus, $AB = AD$ et $AB = AE$, donc le triangle *ADE* est isocèle en *A* et $\widehat{ADE} = \widehat{AED}$.

Ainsi, comme la somme des angles dans le triangle *ADE* est 180°, $2\widehat{ADE} + \widehat{DAE} = 180$ et $\widehat{ADE} = (180 - 30) \div 2 = 75$.

Enfin, comme $\widehat{ADC} = 90°$ (($H_1$)), $\widehat{EDC} = 90 - 75$, soit $\boldsymbol{\widehat{EDC} = 15°}$.

2. On a toujours ($H_1$), ($H_2$), ($H_3$) $\widehat{EDC} = 15°$ ; ($H_4$) $A, D, E, F \in (\mathscr{C})$.

(C) angle $\widehat{EFA}$ ?

La figure clé reconnue est celle des angles inscrits.

Comme $\widehat{EDC} = 15°$ (($H_3$)) et $\widehat{CDA} = 90°$ (($H_1$)), $\widehat{EDA} = 90 - 15 = 75$.

Ainsi, $\boldsymbol{\widehat{EFA} = \widehat{EDA} = 75°}$ (angles qui interceptent le même arc $\overset{\frown}{EA}$).

# Définir et construire des vecteurs

Fiche 29

LE COURS

## Égalité de deux vecteurs

- $\overrightarrow{AB} = \overrightarrow{CD}$ si, et seulement si, $D$ est l'image de $C$ par la translation de vecteur $\overrightarrow{AB}$.
- $\overrightarrow{AB} = \overrightarrow{CD}$ si, et seulement si, $\begin{cases} (AB) \parallel (CD) \text{ (même direction)} \\ \overrightarrow{AB} \text{ et } \overrightarrow{CD} \text{ ont même sens} \\ \|\overrightarrow{AB}\| = \|\overrightarrow{CD}\| \text{ (même norme).} \end{cases}$

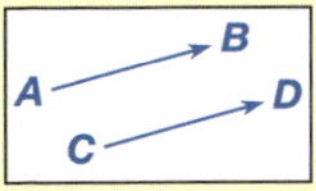


- $\overrightarrow{AB} = \overrightarrow{CD}$ si, et seulement si, $ABDC$ est un parallélogramme.
- $\overrightarrow{AI} = \overrightarrow{IB}$ si, et seulement si, $I$ est le milieu de $[AB]$.

## Somme de deux vecteurs

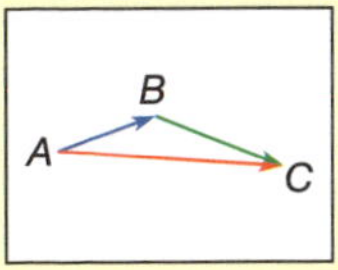


$\overrightarrow{AB} + \overrightarrow{BC} = \overrightarrow{AC}$

Chasles

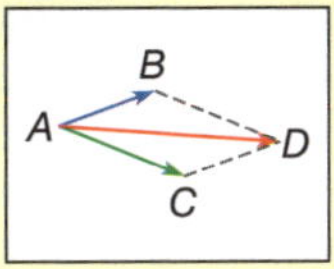


$\overrightarrow{AB} + \overrightarrow{AC} = \overrightarrow{AD}$

Règle du parallélogramme

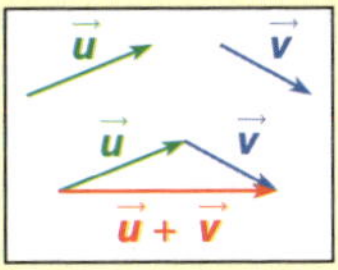


Dans le cas général, on se ramène à Chasles en construisant des représentants mis « bout à bout ».

## Opposé d'un vecteur. Soustraction de deux vecteurs

- L'opposé de $\overrightarrow{AB}$, noté $-\overrightarrow{AB}$, est $-\overrightarrow{AB} = \overrightarrow{BA}$ (sens opposé).
- La différence de $\vec{u}$ et de $\vec{v}$ est le vecteur $\vec{u} - \vec{v} = \vec{u} + (-\vec{v})$. (Soustraire, c'est ajouter l'opposé.)

## Multiplication d'un vecteur $\vec{u}$ par un réel $k$

- Soit $\vec{u} \neq \vec{0}$ et $k \in \mathbb{R}^*$. Le vecteur $k\vec{u}$ a :

$\begin{cases} \text{même direction que } \vec{u}\,; \\ \text{même sens que } \vec{u} \text{ si } k > 0, \\ \text{le sens opposé de } \vec{u} \text{ si } k < 0\,; \\ \text{pour norme } k\|\vec{u}\| \text{ si } k > 0, \\ -k\|\vec{u}\| \text{ si } k < 0. \end{cases}$

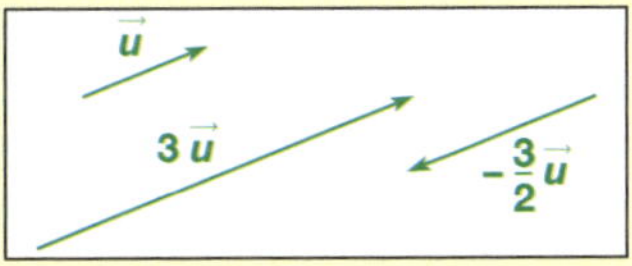

- Si $k = 0$ ou $\vec{u} = \vec{0}$, alors $k\vec{u} = \vec{0}$.
- Cas particulier : $\overrightarrow{AI} = \frac{1}{2}\overrightarrow{AB}$ si, et seulement si, $I$ est le milieu de $[AB]$.

Les propriétés de calculs de l'addition et de la multiplication par un réel sont les mêmes que dans $\mathbb{R}$.

## EXERCICES TYPES CORRIGÉS

**EXERCICE 1** Sur la figure ci-dessous, construire les points $D$, $E$, $F$, $G$ et $H$ tels que :

$\overrightarrow{AD} = \overrightarrow{AB} + \overrightarrow{AC}$ ; $\overrightarrow{BE} = \overrightarrow{CB} + \overrightarrow{AB}$ ; $\overrightarrow{AF} = \overrightarrow{AB} - \overrightarrow{BC}$ ;
$\overrightarrow{AG} = 3\overrightarrow{AB}$ ; $\overrightarrow{BH} = 2\overrightarrow{CA} - 3\overrightarrow{CB}$.

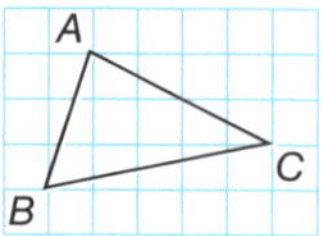


**EXERCICE 2** Sur la figure ci-dessous, les graduations sont régulières.

Trouver les réels $a$, $b$, $c$ tels que $\overrightarrow{AB} = a\overrightarrow{CD}$ ; $\overrightarrow{BD} = b\overrightarrow{BA}$ ;
$\overrightarrow{CD} = c\overrightarrow{CA}$.

## Corrigé

**1** • Pour construire $D$, il suffit d'utiliser la règle du parallélogramme.

• Le point $E$ est défini à partir du vecteur $\overrightarrow{BE}$ : on applique le principe de construction du cas général « en partant de $B$ ».

• $\overrightarrow{AF} = \overrightarrow{AB} + \overrightarrow{CB}$ (toujours transformer la soustraction en addition de l'opposé).

• $\begin{cases} \overrightarrow{AG} \text{ a même direction et sens que } \overrightarrow{AB} \\ AG = 3AB. \end{cases}$

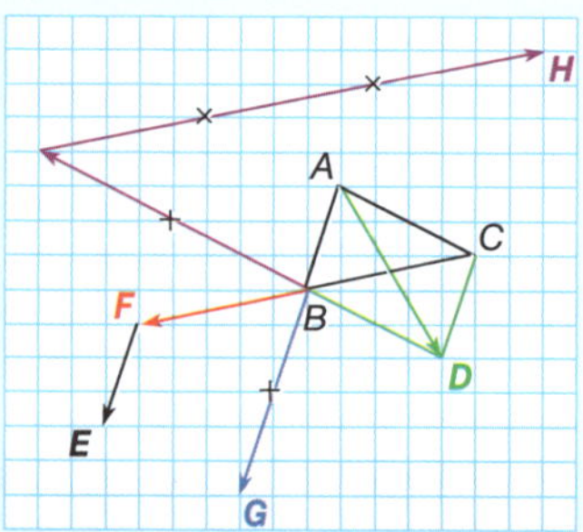


• $\overrightarrow{BH} = 2\overrightarrow{CA} + 3\overrightarrow{BC}$ : on construit un représentant de $2\overrightarrow{CA}$ qui a pour origine $B$ ; puis un représentant de $3\overrightarrow{BC}$ pour appliquer Chasles.

**2** $\overrightarrow{AB}$ et $\overrightarrow{CD}$ ont le même sens, donc $a > 0$. De plus, $AB = 6$ et $CD = 2$.

$\boldsymbol{\overrightarrow{AB} = 3\overrightarrow{CD}}$ $\left(|a| = \frac{AB}{CD}\right)$. De même, $\boldsymbol{\overrightarrow{BD} = -2\overrightarrow{BA}}$ **et** $\boldsymbol{\overrightarrow{CD} = -\frac{1}{8}\overrightarrow{CA}}$.

# Établir la colinéarité de deux vecteurs
# Démontrer un parallélisme

Fiche 30

## LE COURS

### Vecteurs colinéaires : soient $\vec{u}$ et $\vec{v}$ non nuls

- $\vec{u}$ et $\vec{v}$ sont colinéaires si, et seulement si, il existe un réel $k$ tel que $\vec{v} = k\vec{u}$ (point de vue algébrique).
- $\vec{u}$ et $\vec{v}$ sont colinéaires si, et seulement si, ils ont même direction (point de vue géométrique).

### Droites parallèles, points alignés

$(AB)//(CD)$ si, et seulement si,
- $\overrightarrow{AB}$ et $\overrightarrow{CD}$ ont même direction
- $\overrightarrow{AB}$ et $\overrightarrow{CD}$ sont colinéaires
- il existe un réel $k$ tel que $\overrightarrow{CD} = k\overrightarrow{AB}$.

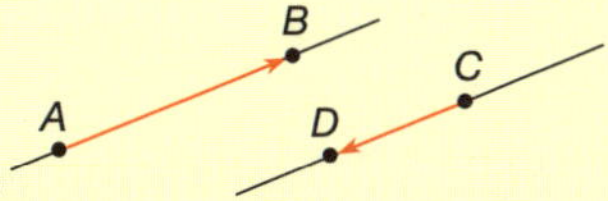


Les points $A$, $B$ et $C$ sont alignés si, et seulement si,
- $\overrightarrow{AB}$ et $\overrightarrow{AC}$ ont même direction
- $\overrightarrow{AB}$ et $\overrightarrow{AC}$ sont colinéaires
- il existe un réel $k$ tel que $\overrightarrow{AC} = k\overrightarrow{AB}$.

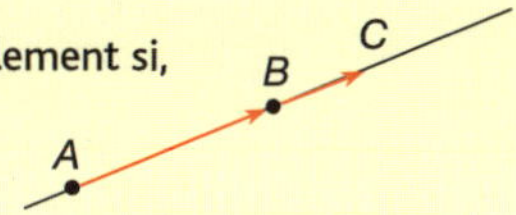


## EXERCICES TYPES CORRIGÉS

**EXERCICE 1** Soit $ABC$ un triangle. Soient $P$ et $Q$ tels que $\overrightarrow{AP} = 3\overrightarrow{AB} + \overrightarrow{AC}$ et $\overrightarrow{AQ} = \overrightarrow{AB} + 3\overrightarrow{AC}$.

1. Faire une figure avec un logiciel de géométrie dynamique. Tracer les droites $(BC)$ et $(PQ)$. En faisant bouger les points $A$, $B$ et $C$, que peut-on conjecturer ?
2. Montrer la conjecture.

**EXERCICE 2** Soit $ABC$ un triangle et $D$ tel que $\overrightarrow{AD} = 3\overrightarrow{AB} - 2\overrightarrow{AC}$. Montrer que les points $B$, $C$ et $D$ sont alignés.

## Corrigé

**1** **1.** Pour cela, on place d'abord trois points libres $A$, $B$ et $C$ dans le plan, puis on crée le triangle $ABC$. Ensuite, on crée les vecteurs $\overrightarrow{AB}$ et $\overrightarrow{AC}$ nommés « $u$ » et « $v$ » par défaut.
Puis dans la barre de saisie, on crée les vecteurs « $w$ » ($w = 3u + v$) et « $t$ » ($t = u + 3v$).

Ensuite, on crée les vecteurs $\overrightarrow{AP}$ et $\overrightarrow{AQ}$ en utilisant la commande Représentant (origine,vecteur) (avec comme origine le point $A$, et comme vecteurs respectivement « $w$ » et « $t$ »). Enfin, on renomme les extrémités de ces deux vecteurs respectivement $P$ et $Q$, et on crée les droites $(BC)$ et $(PQ)$.

**Les droites $(BC)$ et $(PQ)$ semblent parallèles.**

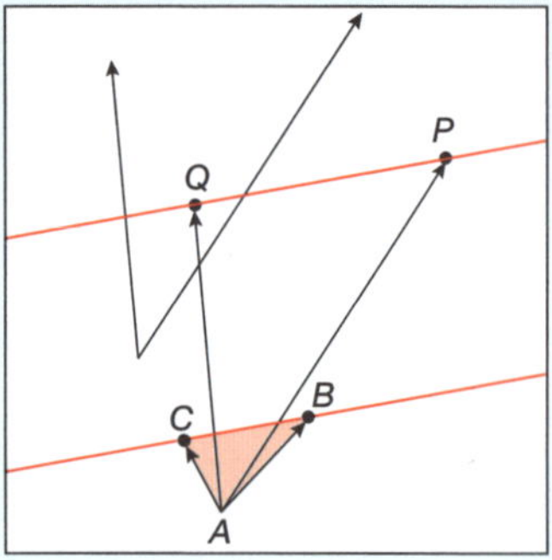


**2.** Comme pour toute démonstration, on écrit d'abord les hypothèses et la conclusion, que l'on traduit vectoriellement.

$(H_1)$ $\overrightarrow{AP} = 3\overrightarrow{AB} + \overrightarrow{AC}$ ;

$(H_2)$ $\overrightarrow{AQ} = \overrightarrow{AB} + 3\overrightarrow{AC}$.

(C) $(BC)//(PQ)$, soit $\overrightarrow{BC}$ et $\overrightarrow{PQ}$ colinéaires.

Pour montrer que deux vecteurs sont colinéaires, on exprime l'un en fonction de l'autre. Pour cela, on « casse » $\overrightarrow{PQ}$ en utilisant la relation de Chasles pour faire apparaître les vecteurs des hypothèses. On a :

$\overrightarrow{PQ} = \overrightarrow{PA} + \overrightarrow{AQ} = -\overrightarrow{AP} + (\overrightarrow{AB} + 3\overrightarrow{AC})$ $((H_2))$

$\overrightarrow{PQ} = -(3\overrightarrow{AB} + \overrightarrow{AC}) + \overrightarrow{AB} + 3\overrightarrow{AC} = -3\overrightarrow{AB} + \overrightarrow{AB} - \overrightarrow{AC} + 3\overrightarrow{AC}$ $((H_1))$

$\overrightarrow{PQ} = -2\overrightarrow{AB} + 2\overrightarrow{AC} = 2\overrightarrow{BA} + 2\overrightarrow{AC} = 2(\overrightarrow{BA} + \overrightarrow{AC}) = 2\overrightarrow{BC}$.

Ainsi, **$\overrightarrow{BC}$ et $\overrightarrow{PQ}$ sont colinéaires et $(BC)$ et $(PQ)$ sont parallèles.**

Toujours vérifier la relation de colinéarité ($\overrightarrow{PQ} = 2\overrightarrow{BC}$) sur la figure. En particulier, $2\overrightarrow{BA} + 2\overrightarrow{AC} \neq 4\overrightarrow{BC}$ !

**2** (H) $\overrightarrow{AD} = 3\overrightarrow{AB} - 2\overrightarrow{AC}$.

(C) Les points $B$, $C$ et $D$ sont alignés, soit $\overrightarrow{BC}$ et $\overrightarrow{BD}$ colinéaires.

Pour cela, on « casse » $\overrightarrow{BD}$ pour faire apparaître les vecteurs des hypothèses :

$\overrightarrow{BD} = \overrightarrow{BA} + \overrightarrow{AD} = -\overrightarrow{AB} + (3\overrightarrow{AB} - 2\overrightarrow{AC})$ ((H))

$\overrightarrow{BD} = 2\overrightarrow{AB} - 2\overrightarrow{AC} = 2\overrightarrow{AB} + 2\overrightarrow{CA} = 2(\overrightarrow{AB} + \overrightarrow{CA}) = 2(\overrightarrow{CA} + \overrightarrow{AB})$

$\overrightarrow{BD} = 2\overrightarrow{CB}$.

**Ainsi, $\overrightarrow{BD}$ et $\overrightarrow{CB}$ sont colinéaires et les points $B$, $C$ et $D$ sont bien alignés.**

On peut aussi démontrer l'alignement en utilisant les coordonnées (*cf. fiche* 33).

# Lire les coordonnées de points et de vecteurs dans un repère

**Fiche 31**

## LE COURS

### Repère $(O ; \vec{i}, \vec{j})$ du plan

$(O ; \vec{i}, \vec{j})$ est un repère du plan si, et seulement si, $\vec{i}$ et $\vec{j}$ sont deux vecteurs non nuls qui n'ont pas la même direction.

### Coordonnées d'un point dans un repère

$M$ a pour coordonnées $\begin{pmatrix} x \\ y \end{pmatrix}$ dans le repère $(O ; \vec{i}, \vec{j})$ si, et seulement si, $\overrightarrow{OM} = x\vec{i} + y\vec{j}$.

Les coordonnées sont uniques :

$\begin{cases} x \text{ est l'abscisse de } M \\ y \text{ est l'ordonnée de } M. \end{cases}$

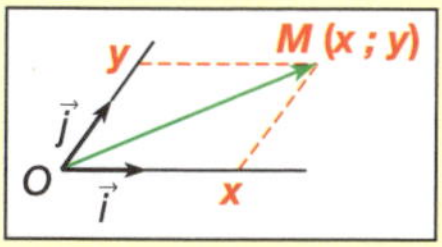


### Coordonnées d'un vecteur dans un repère

$\vec{u}$ a pour coordonnées $\begin{pmatrix} x \\ y \end{pmatrix}$ dans le repère $(O ; \vec{i}, \vec{j})$ si, et seulement si, $\vec{u} = x\vec{i} + y\vec{j}$.

Les coordonnées sont uniques :

$\begin{cases} x \text{ est l'abscisse de } \vec{u} \\ y \text{ est l'ordonnée de } \vec{u}. \end{cases}$

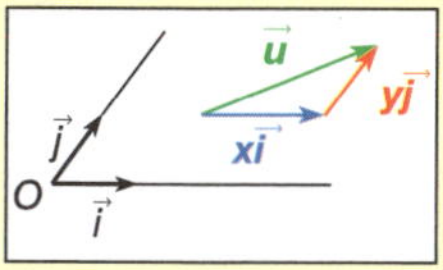


## EXERCICES TYPES CORRIGÉS

**EXERCICE 1** Lire les coordonnées de $\vec{u}, \vec{v}, \vec{w}$ et $\vec{t}$ dans le repère $(O ; \vec{i}, \vec{j})$.

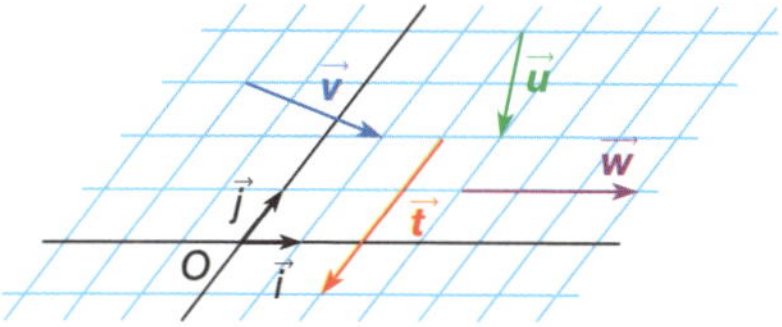


**EXERCICE 2** Soit $ABCD$ un parallélogramme tel que $AB = 4$ et $AD = 2$.

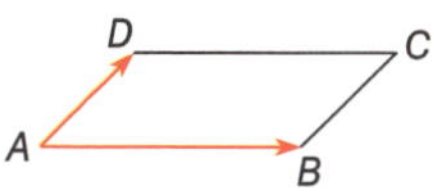


Lire les coordonnées de $A$, $B$, $C$, $D$, de $\overrightarrow{BD}$ dans le repère $(A ; \overrightarrow{AB}, \overrightarrow{AD})$.

## EXERCICE 3

*ABCDEF* est un hexagone régulier de centre *O*, de côté 2.

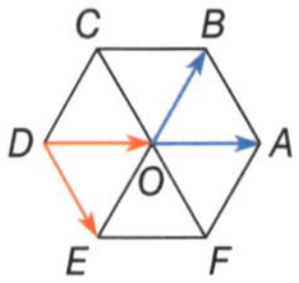


1. Lire les coordonnées de *A*, *B*, *C*, *D* dans le repère $(O\,;\overrightarrow{OA},\overrightarrow{OB})$.
2. Lire les coordonnées de $\overrightarrow{AB}$, $\overrightarrow{AE}$ et $\overrightarrow{CF}$ dans le repère $(D\,;\overrightarrow{DE},\overrightarrow{DO})$.

## Corrigé

**1** Pour lire les coordonnées d'un vecteur $\vec{u}$, on trace la parallèle à l'axe des abscisses passant par l'origine de ce vecteur $\vec{u}$ et la parallèle à l'axe des ordonnées passant par l'extrémité de $\vec{u}$.
On lit ensuite le déplacement selon l'axe des abscisses (*Ox*) et selon l'axe des ordonnées (*Oy*) :

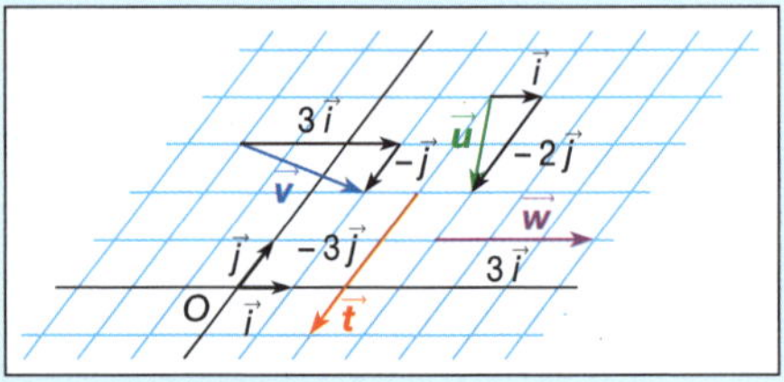


$\vec{u}(1\,;-2)$
$\vec{v}(3\,;-1)$
$\vec{w}(3\,;0)$
$\vec{t}(0\,;-3)$

Les coordonnées sont des réels, non des vecteurs : écrire ~~« $\vec{u}(\vec{i}\,;-2\vec{j})$ »~~ n'a aucun sens ! Il faut écrire soit $\vec{u}=\vec{i}-2\vec{j}$ soit $\vec{u}(1\,;-2)$.

**2** $(A\,;\overrightarrow{AB},\overrightarrow{AD})$ est bien un repère car $\overrightarrow{AB}$ et $\overrightarrow{AD}$ sont non nuls ($AB \neq 0$ et $AD \neq 0$) et *n*'ont pas la même direction (*ABCD* parallélogramme).
• Dans ce repère, $\boldsymbol{A(0\,;0)}$ (origine du repère) : $\boldsymbol{B(1\,;0)}$ **et** $\boldsymbol{D(0\,;1)}$.
*B n*'a pas pour coordonnées $(4\,;0)$ car $\overrightarrow{AB}=1\overrightarrow{AB}+0\overrightarrow{AD}$ (pas $4\overrightarrow{AB}$). Le vecteur $\overrightarrow{AB}$ donne l'unité selon l'axe des abscisses et $\overrightarrow{AD}$ donne l'unité selon l'axe des ordonnées.
Enfin, $\boldsymbol{C(1\,;1)}$ $(\overrightarrow{AC}=1\overrightarrow{AB}+1\overrightarrow{AD})$ dans $(A\,;\overrightarrow{AB},\overrightarrow{AD})$.
• On a $\overrightarrow{BD}=\overrightarrow{BA}+\overrightarrow{AD}=-\overrightarrow{AB}+\overrightarrow{AD}$ ; ainsi, $\boldsymbol{\overrightarrow{BD}(-1\,;1)}$ dans $(A\,;\overrightarrow{AB},\overrightarrow{AD})$.

**3** 1. $\boldsymbol{A(1\,;0)}$ **et** $\boldsymbol{B(0\,;1)}$ **dans** $\boldsymbol{(O\,;\overrightarrow{OA},\overrightarrow{OB})}$.
En projetant *C* sur (*OA*) parallèlement à (*OB*) et sur (*OB*) parallèlement à (*OA*), on a $\overrightarrow{OC}=-1\overrightarrow{OA}+1\overrightarrow{OB}$ : $\boldsymbol{C(-1\,;1)}$ **dans** $\boldsymbol{(O\,;\overrightarrow{OA},\overrightarrow{OB})}$.
Enfin, $\boldsymbol{D(-1\,;0)}$ $(\overrightarrow{OD}=-1\overrightarrow{OA}=-1\overrightarrow{OA}+0\overrightarrow{OB})$ dans $(O\,;\overrightarrow{OA},\overrightarrow{OB})$.
2. $\overrightarrow{AB}=-\overrightarrow{DE}=-1\overrightarrow{DE}+0\overrightarrow{DO}$ : $\boldsymbol{\overrightarrow{AB}(-1\,;0)}$ **dans** $\boldsymbol{(D\,;\overrightarrow{DE},\overrightarrow{DO})}$ ;
$\overrightarrow{AE}=-2\overrightarrow{DO}+\overrightarrow{DE}=1\overrightarrow{DE}-2\overrightarrow{DO}$ : $\boldsymbol{\overrightarrow{AE}(1\,;-2)}$ **dans** $\boldsymbol{(D\,;\overrightarrow{DE},\overrightarrow{DO})}$ ;
$\overrightarrow{CF}=2\overrightarrow{DE}=2\overrightarrow{DE}+0\overrightarrow{DO}$ : $\boldsymbol{\overrightarrow{CF}(2\,;0)}$ **dans** $\boldsymbol{(D\,;\overrightarrow{DE},\overrightarrow{DO})}$.

# Calculer les coordonnées de points et de vecteurs dans un repère

Fiche 32

## LE COURS

Le plan est muni d'un repère $(O\,;\vec{i},\vec{j})$.

- Soient $\vec{u}\begin{pmatrix}x\\y\end{pmatrix}$ et $\vec{v}\begin{pmatrix}x'\\y'\end{pmatrix}$. Alors :

  - $\vec{u}=\vec{v}$ si, et seulement si, $\begin{cases}x=x'\\y=y'\,;\end{cases}$
  - $\vec{u}+\vec{v}\begin{pmatrix}x+x'\\y+y'\end{pmatrix}$ et $k\vec{u}\begin{pmatrix}kx\\ky\end{pmatrix}$ $(k\in\mathbb{R})$.

- Soient $A\begin{pmatrix}x_A\\y_A\end{pmatrix}$ et $B\begin{pmatrix}x_B\\y_B\end{pmatrix}$. Alors $\overrightarrow{AB}\begin{pmatrix}x_B-x_A\\y_B-y_A\end{pmatrix}$ et

$I$ milieu de $[AB]$ a pour coordonnées $I\begin{pmatrix}\dfrac{x_A+x_B}{2}\\\dfrac{y_A+y_B}{2}\end{pmatrix}$.

## EXERCICE TYPE CORRIGÉ

Soit $(O\,;\vec{i},\vec{j})$ un repère du plan. Soient $A\begin{pmatrix}-1\\-1\end{pmatrix}$, $B\begin{pmatrix}1\\2\end{pmatrix}$ et $C\begin{pmatrix}3\\-2\end{pmatrix}$ dans ce repère.

1. Calculer les coordonnées de $\overrightarrow{AB}$ et de $\overrightarrow{AC}$.
2. a. Calculer les coordonnées de $2\overrightarrow{AB}+\overrightarrow{AC}$.
   b. En déduire les coordonnées du point $D$ tel que $\overrightarrow{AD}=2\overrightarrow{AB}+\overrightarrow{AC}$.
3. Calculer les coordonnées du point $E$ tel que $ABCE$ soit un parallélogramme.

### Corrigé

1. Toujours commencer par faire une figure : elle permet, par simple lecture (*cf. fiche* 31) de vérifier les calculs.

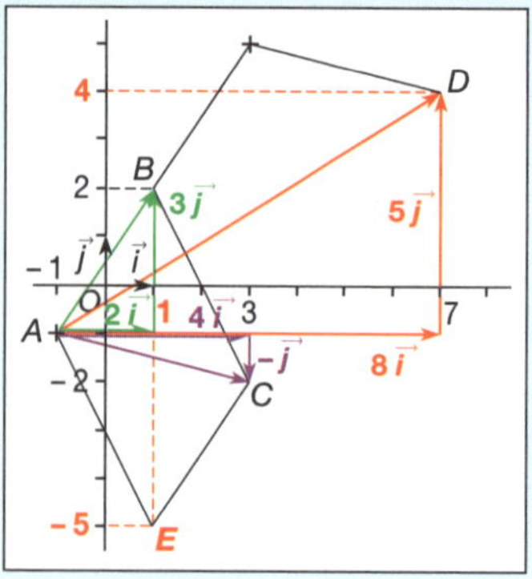


On a $A\begin{pmatrix} -1 \\ -1 \end{pmatrix}$ et $B\begin{pmatrix} 1 \\ 2 \end{pmatrix}$,

donc $\overrightarrow{AB}\begin{pmatrix} 1-(-1) \\ 2-(-1) \end{pmatrix}$ soit $\overrightarrow{\boldsymbol{AB}}\begin{pmatrix} \mathbf{2} \\ \mathbf{3} \end{pmatrix}$.

De même, $A\begin{pmatrix} -1 \\ -1 \end{pmatrix}$ et $C\begin{pmatrix} 3 \\ -2 \end{pmatrix}$

donc $\overrightarrow{AC}\begin{pmatrix} 3-(-1) \\ -2-(-1) \end{pmatrix}$

soit $\overrightarrow{\boldsymbol{AC}}\begin{pmatrix} 4 \\ -1 \end{pmatrix}$.

**2. a.** D'après **1.**, $\overrightarrow{AB}\begin{pmatrix} 2 \\ 3 \end{pmatrix}$ donc $2\overrightarrow{AB}\begin{pmatrix} 4 \\ 6 \end{pmatrix}$. Or, $\overrightarrow{AC}\begin{pmatrix} 4 \\ -1 \end{pmatrix}$.

Ainsi, $2\overrightarrow{AB}+\overrightarrow{AC}\begin{pmatrix} 4+4 \\ 6+(-1) \end{pmatrix}$ soit $\mathbf{2}\overrightarrow{\boldsymbol{AB}}+\overrightarrow{\boldsymbol{AC}}\begin{pmatrix} \mathbf{8} \\ \mathbf{5} \end{pmatrix}$.

**b.** Les coordonnées du point $D$ ne sont pas celles de $\overrightarrow{AD}$ (*cf.* figure).
Pour déterminer les coordonnées d'un point défini par une égalité vectorielle, on appelle $x$ et $y$ les coordonnées recherchées et on utilise l'égalité vectorielle pour aboutir à un système.

D'après **2. a.**, $\overrightarrow{\boldsymbol{AD}}\begin{pmatrix} 8 \\ 5 \end{pmatrix}$.

Soit $D\begin{pmatrix} x \\ y \end{pmatrix}$ dans le repère $(O\,;\vec{i},\vec{j})$. On a alors $\overrightarrow{\boldsymbol{AD}}\begin{pmatrix} x+1 \\ y+1 \end{pmatrix}$.

Par unicité des coordonnées, $\begin{cases} x+1=8 \\ y+1=5 \end{cases}$ soit $\begin{cases} x=8-1=7 \\ y=5-1=4. \end{cases}$

Ainsi, les coordonnées de $D$ sont $\boldsymbol{D(7\,;4)}$.

**3.** On traduit l'énoncé par une égalité vectorielle.
Comme $ABCE$ est un parallélogramme, $\overrightarrow{EC}=\overrightarrow{AB}$.
Puis on procède comme au **2.** :

D'après **1.**, $\overrightarrow{AB}\begin{pmatrix} 2 \\ 3 \end{pmatrix}$ donc $\overrightarrow{EC}\begin{pmatrix} 2 \\ 3 \end{pmatrix}$.

Soit, de plus, $E\begin{pmatrix} x \\ y \end{pmatrix}$ dans le repère $(O\,;\vec{i},\vec{j})$. On a alors $\overrightarrow{\boldsymbol{EC}}\begin{pmatrix} \mathbf{3-x} \\ \mathbf{-2-y} \end{pmatrix}$.

Par unicité des coordonnées, $\begin{cases} 3-x=2 \\ -2-y=3 \end{cases}$ soit $\begin{cases} 3-2=x \\ -2-3=y. \end{cases}$

Ainsi, les coordonnées de $E$ sont $\boldsymbol{E(1\,;-5)}$.

# Utiliser les coordonnées pour démontrer

33

## LE COURS

### Vecteurs colinéaires : soient $\vec{u}$ et $\vec{v}$ non nuls

$\vec{u}(x\,;y)$ et $\vec{v}(x'\,;y')$ dans un repère $(O\,;\vec{i},\vec{j})$ sont colinéaires si, et seulement si, $xy' - x'y = 0$.

### Distance dans un repère orthonormé du plan

- $(O\,;\vec{i},\vec{j})$ est un repère orthonormé du plan si, et seulement si :

$$\vec{i} \perp \vec{j} \text{ et } \|\vec{i}\| = \|\vec{j}\| = 1.$$

- Dans un repère orthonormé du plan :

si $\vec{u}(x\,;y)$, alors $\|\vec{u}\| = \sqrt{x^2 + y^2}$ ;

si $A(x_A\,;y_A)$ et $B(x_B\,;y_B)$, alors $AB = \sqrt{(x_B - x_A)^2 + (y_B - y_A)^2}$.

## EXERCICES TYPES CORRIGÉS

**EXERCICE 1** Dans le plan muni d'un repère orthonormé, on considère les points $A(3\,;2)$, $B(7\,;3)$, $C(-3\,;-4)$ et $D\left(\frac{-14}{3}\,;-\frac{53}{12}\right)$.

**1.** Montrer que $(AB)$ // $(CD)$.

**2.** Soit $E\left(6\,;-\frac{3}{2}\right)$. Montrer que $E$ est sur la médiatrice de $[AB]$.

**EXERCICE 2** Soit $ABCD$ un quadrilatère quelconque ; soient $I$, $J$, $K$ et $L$ les milieux respectifs de $[AB]$, $[BC]$, $[CD]$ et $[AD]$.

En considérant le repère $(A\,;\overrightarrow{AB}, \overrightarrow{AD})$, montrer que $IJKL$ est un parallélogramme.

On pourra appeler $a$ et $b$ les coordonnées de $C(a\,;b)$.

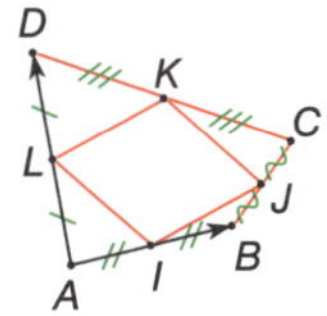


**EXERCICE 3** Soit $ABC$ un triangle et $D$ tel que $\overrightarrow{AD} = 3\overrightarrow{AB} - 2\overrightarrow{AC}$.

En considérant le repère $(A\,;\overrightarrow{AB}, \overrightarrow{AC})$, montrer que les points $B$, $C$, $D$ sont alignés.

## Corrigé

**1** **1.** Pour montrer que $(AB)$ // $(CD)$, on montre que $\overrightarrow{AB}$ et $\overrightarrow{CD}$ sont colinéaires. Pour cela, on utilise les coordonnées :

et $B\begin{pmatrix}7\\3\end{pmatrix}$, donc $\overrightarrow{AB}\begin{pmatrix}4\\1\end{pmatrix}$.

De même, $\overrightarrow{CD}\begin{pmatrix}-\dfrac{14}{3}-(-3)\\[2mm]-\dfrac{53}{12}-(-4)\end{pmatrix}$ soit $\overrightarrow{CD}\begin{pmatrix}-\dfrac{5}{3}\\[2mm]-\dfrac{5}{12}\end{pmatrix}$.

Or, $xy'-x'y=4\times\left(\dfrac{-5}{12}\right)-1\times\left(-\dfrac{5}{3}\right)=\dfrac{-5}{3}+\dfrac{5}{3}=0$.

Ainsi, **$\overrightarrow{AB}$ et $\overrightarrow{CD}$ sont colinéaires et $(AB)$ // $(CD)$.**

2. Il suffit de montrer que $EA = EB$.

$$EA=\sqrt{(3-6)^2+\left(2+\frac{3}{2}\right)^2}=\sqrt{9+\frac{49}{4}}=\sqrt{\frac{85}{4}}\ ;$$

$$EB=\sqrt{(7-6)^2+\left(3+\frac{3}{2}\right)^2}=\sqrt{1+\frac{81}{4}}=\sqrt{\frac{85}{4}}.$$

On a bien **$EA = EB$ et $E$ est sur la médiatrice de $[AB]$.**

**2** Pour cela, on commence par déterminer les coordonnées de $I$, $J$, $K$ et $L$.
$(A\ ;\overrightarrow{AB},\overrightarrow{AD})$ est un repère, car $\overrightarrow{AB}$ et $\overrightarrow{AD}$ sont non nuls et non colinéaires. Dans ce repère, $A(0\ ;0)$, $B(1\ ;0)$ et $D(0\ ;1)$ (*cf.* fiche 31).
De plus, soient $a$ et $b$ les coordonnées de $C$ dans ce repère. Alors, $I$ milieu de $[AB]$ a pour coordonnées $I\left(\frac{1}{2}\ ;0\right)$ (*cf.* fiche 32) ;

de même, $J\left(\dfrac{1+a}{2}\ ;\dfrac{b}{2}\right)$, $K\left(\dfrac{a}{2}\ ;\dfrac{b+1}{2}\right)$ et $L\left(0\ ;\dfrac{1}{2}\right)$.

On a $\overrightarrow{IJ}\begin{pmatrix}\dfrac{1+a}{2}-\dfrac{1}{2}\\[2mm]\dfrac{b}{2}-0\end{pmatrix}$, soit $\overrightarrow{IJ}\begin{pmatrix}\dfrac{a}{2}\\[2mm]\dfrac{b}{2}\end{pmatrix}$ ; $\overrightarrow{LK}\begin{pmatrix}\dfrac{a}{2}-0\\[2mm]\dfrac{b+1}{2}-\dfrac{1}{2}\end{pmatrix}$, soit $\overrightarrow{LK}\begin{pmatrix}\dfrac{a}{2}\\[2mm]\dfrac{b}{2}\end{pmatrix}$.

Ainsi, **$\overrightarrow{IJ}=\overrightarrow{LK}$ et $IJKL$ est bien un parallélogramme.**
Une seule égalité suffit à prouver que $IJKL$ est un parallélogramme. Mais $\overrightarrow{IJ}$ et $\overrightarrow{LK}$ sont colinéaires montre uniquement que $IJKL$ est un trapèze.

**3** $(A\ ;\overrightarrow{AB},\overrightarrow{AC})$ est un repère, car $\overrightarrow{AB}$ et $\overrightarrow{AC}$ sont non nuls et non colinéaires. Dans ce repère, $A(0\ ;0)$, $B(1\ ;0)$ et $C(0\ ;1)$.
De plus, $\overrightarrow{AD}=3\overrightarrow{AB}-2\overrightarrow{AC}$, donc $D(3\ ;-2)$ dans $(A\ ;\overrightarrow{AB},\overrightarrow{AC})$ (*cf.* fiche 31).
On montre ensuite que $\overrightarrow{BC}$ et $\overrightarrow{BD}$ sont colinéaires :
$\overrightarrow{BC}(-1\ ;1)$ et $\overrightarrow{BD}(2\ ;-2)$. Ainsi, $\overrightarrow{BD}=-2\overrightarrow{BC}$ (d'après les coordonnées).
**$\overrightarrow{BC}$ et $\overrightarrow{BD}$ sont colinéaires et les points $B$, $D$ et $C$ sont bien alignés.**

# Déterminer une équation de droite passant par deux points

Fiche 34

## LE COURS

Soit $(O ; \vec{i}, \vec{j})$ un repère du plan.

### Équation réduite de droite

- Toute droite $(d)$ du plan admet une équation réduite de la forme :

$$\begin{cases} y = ax + b & \text{(si } (d) \text{ coupe l'axe des ordonnées)} \\ x = c & \text{(si } (d) \text{ est parallèle à l'axe des ordonnées).} \end{cases}$$

- Réciproquement, l'ensemble des points $M(x ; y)$ tels que :

$$\begin{cases} y = ax + b \text{ est une droite } (d) \text{ qui coupe l'axe } (Oy) \\ x = c \text{ est une droite parallèle à } (Oy). \end{cases}$$

- $a$ est le coefficient directeur et $b$ l'ordonnée à l'origine (*cf. fiches* 16, 17).

### Condition analytique d'appartenance à une droite $(d)$

$A(x_A ; y_A)$ est sur une droite $(d)$ si, et seulement si, ses coordonnées vérifient l'équation de $(d)$ ($y_A = ax_A + b$ ou $x_A = c$).

### Droites parallèles aux axes

$(Ox)$ a pour équation $y = 0$. Toute parallèle à $(Ox)$ a pour équation $y = b$.

$(Oy)$ a pour équation $x = 0$. Toute parallèle à $(Oy)$ a pour équation $x = c$.

## EXERCICE TYPE CORRIGÉ

Dans un repère $(O ; \vec{i}, \vec{j})$, soient $A(1 ; 4)$, $B(4 ; 2)$ et $C(1 ; 2)$.

1. Déterminer une équation de $(AB)$.
2. Déterminer une équation de $(AC)$.

## Corrigé

1.

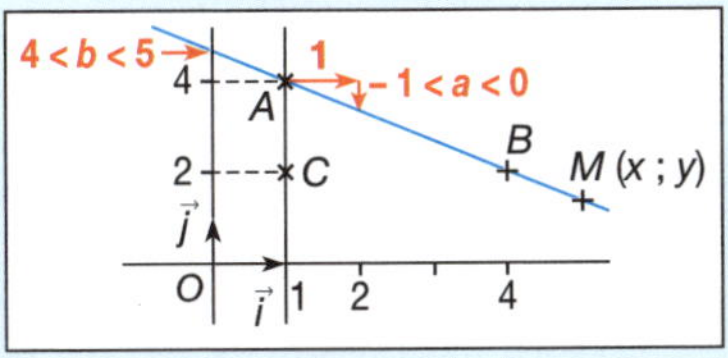




à détacher
Vu !

Pour déterminer une équation de $(AB)$, deux méthodes sont possibles :

1re méthode : $(AB)$ est la représentation graphique d'une fonction affine $f$.

Comme $(AB)$ n'est pas parallèle à $(Oy)$ $(x_A \neq x_B)$, l'équation de $(AB)$ est de la forme $y = ax + b$ avec $a = \frac{y_B - y_A}{x_B - x_A} = \frac{2-4}{4-1} = -\frac{2}{3}$ (*cf. fiche* 17).

De plus, $A(1 ; 4) \in (AB)$

donc $y_A = -\frac{2}{3}x_A + b$

et $b = y_A + \frac{2}{3}x_A$

soit $b = 4 + \frac{2}{3} = \frac{14}{3}$.

Ainsi, **l'équation réduite de $(AB)$ est $y = -\frac{2}{3}x + \frac{14}{3}$.**

① On vérifie avec les coordonnées de $B$ :

$-\frac{2}{3}x_B + \frac{14}{3} = -\frac{2}{3} \times 4 + \frac{14}{3} = \frac{-8}{3} + \frac{14}{3} = \frac{6}{3} = 2 = y_B$.

② Comme pour les fonctions affines (*cf. fiche* 17), on vérifie que les calculs de $a$ et $b$ sont bien cohérents avec la lecture de $a$ et $b$ sur le graphique.

2de méthode : $(AB)$ est l'ensemble des points $M$ tels que $A$, $B$, $M$ sont alignés.

$M(x ; y) \in (AB)$ si, et seulement si, $\overrightarrow{AM}\begin{pmatrix} -1 \\ -4 \end{pmatrix}$ et $\overrightarrow{AB}\begin{pmatrix} 3 \\ -2 \end{pmatrix}$ sont colinéaires

si, et seulement si, $-2(x-1) - 3(y-4) = 0$ (*cf. fiche* 33)

si, et seulement si, $-2x - 3y + 14 = 0$

si, et seulement si, $-2x + 14 = 3y$

si, et seulement si, $-\frac{2}{3}x + \frac{14}{3} = y$.

**L'équation réduite de $(AB)$ est $y = -\frac{2}{3}x + \frac{14}{3}$.**

$-2x - 3y + 14 = 0$ s'appelle équation cartésienne de $(AB)$.

On peut montrer que toute droite admet une infinité d'équations cartésiennes de la forme $ax + by + c = 0$ (avec $a \neq 0$ ou $b \neq 0$).

$2x + 3y - 14 = 0$ ; $-4x - 6y + 28 = 0$ sont d'autres équations équivalentes de $(AB)$.

**2.** Comme $x_A = x_C = 1$, **$(AC)$ est parallèle à $(Oy)$.**

**Ainsi $(AC)$ a pour équation $x = 1$.**

# Déterminer une équation de droite parallèle à une droite donnée

Fiche 35

## LE COURS

Soit $(O\,;\vec{i},\vec{j})$ un repère du plan.
Soit $(d)$ la droite d'équation $y = ax + b$.
Soit $(d')$ la droite d'équation $y = a'x + b'$.
$(d) \,/\!/\, (d')$ si, et seulement si, $a = a'$ (même coefficient directeur).

## EXERCICES TYPES CORRIGÉS

**EXERCICE 1** Dans le repère $(O\,;\vec{i},\vec{j})$ du plan, soient les droites d'équations :

$(d_1)$ $y = -\dfrac{5}{3}x + 1$ $(d_2)$ $y = -\dfrac{10}{6}x + 1$

$(d_3)$ $15x + 9y - 3 = 0$ $(d_4)$ $10x + 9y + 2 = 0$.

1. Préciser les droites parallèles parmi ces droites.
2. Déterminer une équation de la droite $(d)$ parallèle à $(d_1)$ passant par $A(3\,;3)$.

**EXERCICE 2** Soit $(O\,;\vec{i},\vec{j})$ un repère du plan. Soient $A(1\,;2)$, $B(3\,;-1)$ et $C(-4\,;3)$. Déterminer une équation de la droite $(d)$ parallèle à $(AB)$ passant par $C$.

## Corrigé

**1** **1.** Il suffit de comparer les coefficients directeurs de ces droites.

L'équation réduite de $\begin{cases} (d_3) \text{ est } y = -\dfrac{15}{9}x + \dfrac{3}{9} \text{ soit } y = \dfrac{-5}{3}x + \dfrac{1}{3} \\ (d_4) \text{ est } y = -\dfrac{10}{9}x - \dfrac{2}{9}. \end{cases}$

Ainsi, les coefficients directeurs de $(d_1)$, $(d_2)$ et $(d_3)$ sont égaux $\left(-\dfrac{10}{6} = -\dfrac{5}{3}\right)$ et **$(d_1) \,/\!/\, (d_2) \,/\!/\, (d_3)$**.

Mais $a_4 \neq -\dfrac{5}{3}$ et **$(d_4)$ n'est pas parallèle à $(d_1)$, $(d_2)$ ou $(d_3)$**.

**2.** Comme $(d) \,/\!/\, (d_1)$, le coefficient directeur de $(d)$ est celui de $(d_1)$.

Ainsi, une équation de $(d)$ est de la forme $y = -\dfrac{5}{3}x + b$.

Or, $A(3\,;3) \in (d)$ donc $y_A = -\frac{5}{3}x_A + b$ et $b = 3 + \frac{5}{3} \times 3 = 8$.

Ainsi, une équation de $(d)$ est $\boldsymbol{y = -\frac{5}{3}x + 8}$.

**2**

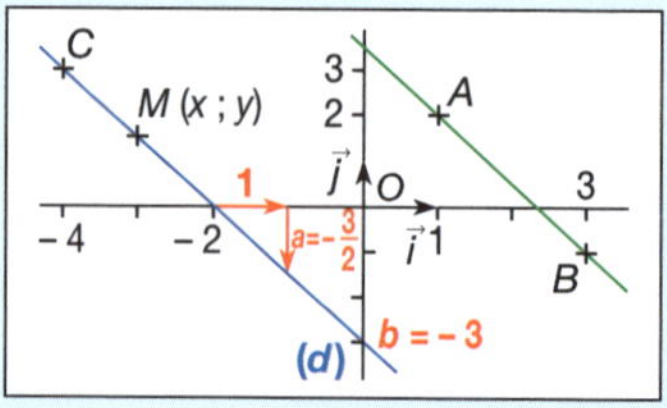


Comme toujours, il est préférable de faire une figure pour vérifier les calculs et déterminer la méthode. Ici, deux méthodes sont possibles.

1re méthode : $(d)$ a pour équation réduite $y = ax + b$, où $a = \frac{y_B - y_A}{x_B - x_A}$.

Comme $(d) \parallel (AB)$, le coefficient directeur $a$ de $(d)$ est le même que celui de $(AB)$.

Ainsi, $a = \frac{y_B - y_A}{x_B - x_A} = \frac{-1-2}{3-1} = -\frac{3}{2}$.

Une équation de $(d)$ est donc de la forme $y = -\frac{3}{2}x + b$.

Or, $C(-4\,;3) \in (d)$, donc $y_C = -\frac{3}{2}x_C + b$ et $b = 3 + \frac{3}{2} \times (-4) = -3$.

Ainsi, **une équation de $(d)$ est $\boldsymbol{y = -\frac{3}{2}x - 3}$.**

2de méthode : $(d)$ est l'ensemble des points $M(x\,;y)$ tels que $(CM) \parallel (AB)$.

Comme $(d) \parallel (AB)$,

$M(x\,;y) \in (d)$ si, et seulement si, $(CM) \parallel (AB)$

si, et seulement si, $\overrightarrow{CM}\begin{pmatrix} x+4 \\ y-3 \end{pmatrix}$ et $\overrightarrow{AB}\begin{pmatrix} 2 \\ -3 \end{pmatrix}$ sont colinéaires

si, et seulement si, $-3(x+4) - 2(y-3) = 0$ (*cf. fiche 33*)

si, et seulement si, $-3x - 2y - 6 = 0$

si, et seulement si, $-3x - 6 = 2y$

si, et seulement si, $-\frac{3}{2}x - \frac{6}{2} = y$.

**Une équation de $(d)$ est $\boldsymbol{y = -\frac{3}{2}x - 3}$.**

# Résoudre graphiquement un système et déterminer la position relative de deux droites

**Fiche 36**

## LE COURS

Résoudre le système $\begin{cases} ax + by = c \\ a'x + b'y = c' \end{cases}$ ($a \neq 0$ ou $b \neq 0$) et ($a' \neq 0$ ou $b' \neq 0$), c'est trouver tous les couples $(x\,;y)$ vérifiant en même temps les deux équations.

### Résolution graphique : on munit le plan d'un repère $(O\,;\vec{i},\vec{j})$

$ax + by = c$ est l'équation d'une droite $(d)$.

$a'x + b'y = c'$ est l'équation d'une droite $(d')$.

| Position des droites $(d)$ et $(d')$ | Sécantes en un point $S$ 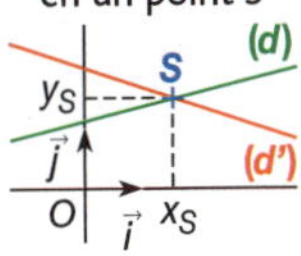  | Strictement parallèles 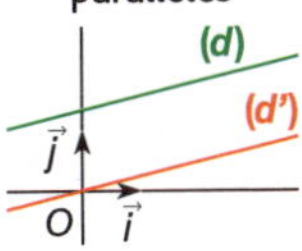  | Confondues 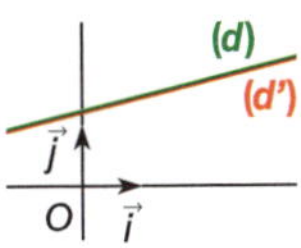  |
|---|---|---|---|
| Critères | $ab' - a'b \neq 0$ | $ab' - a'b = 0$ | |
| | | $bc' - b'c \neq 0$ | $bc' - b'c = 0$ |
| Solutions du système | une seule : le couple $(x_S\,;y_S)$ coordonnées du point $S$ | aucune solution | une infinité de solutions : tous les couples coordonnées des points de $(d)$ ou $(d')$. |

Toujours réécrire le système sous la forme $\begin{cases} ax + by = c \\ a'x + b'y = c' \end{cases}$ avant d'appliquer les critères : $ab' - a'b$ et $bc' - b'c$.

## EXERCICE TYPE CORRIGÉ

Résoudre et interpréter graphiquement les systèmes suivants :

1. $\begin{cases} 2x + 4y = -4 \\ 3x + 6y = 1. \end{cases}$

2. $\begin{cases} 4x + 3y = -4 \\ 6x + \dfrac{9}{2}y = -6. \end{cases}$

3. $\begin{cases} 2x + 3y = -4 \\ 3x + y = 1. \end{cases}$

# Corrigé

**1.** On calcule d'abord $ab' - a'b$.

$$\begin{cases} 2x + 4y = -4 \\ 3x + 6y = 1 \end{cases}$$

On a $ab' - a'b = 2 \times 6 - 3 \times 4 = 0$.

Le système admet soit aucune solution, soit une infinité de solutions. Pour le savoir, on calcule $bc' - b'c$ :

De plus, $bc' - b'c = 4 \times 1 - 6 \times (-4) = 28 \neq 0$.

Le système n'admet aucune solution $S = \varnothing$.

**Les droites d'équations $2x + 4y = -4$ et $3x + 6y = 1$ sont strictement parallèles.**

**2.** On a $\begin{cases} ab' - a'b = 4 \times \dfrac{9}{2} - 6 \times 3 = 18 - 18 = 0 \\ bc' - b'c = 3 \times (-6) - \dfrac{9}{2} \times (-4) = -18 + 18 = 0. \end{cases}$

Le système admet une infinité de solutions $S = \{(x\,;y)\,/\,4x + 3y = -4\}$.

**Les droites d'équations $4x + 3y = -4$ et $6x + \dfrac{9}{2}y = -6$ sont confondues.**

**3.** On a $ab' - a'b = 2 \times 1 - 3 \times 3 = -7 \neq 0$. Le système admet une unique solution que l'on détermine graphiquement.

Pour cela, on trace la droite $(d)$ d'équation $2x + 3y = -4$ et d'équation réduite $y = -\dfrac{2}{3}x - \dfrac{4}{3}$ (*cf. fiche* 16) : $(d)$ passe par $A(-2\,;0)$ et $B(1\,;-2)$.

On trace aussi la droite $(d')$ d'équation $3x + y = 1$ et d'équation réduite $y = -3x + 1$ ($a = -3$ et $b = 1$) ; **les droites $(d)$ et $(d')$ sont sécantes en un point $S$.**

On lit ses coordonnées : $S = \{(1\,;-2)\}$.

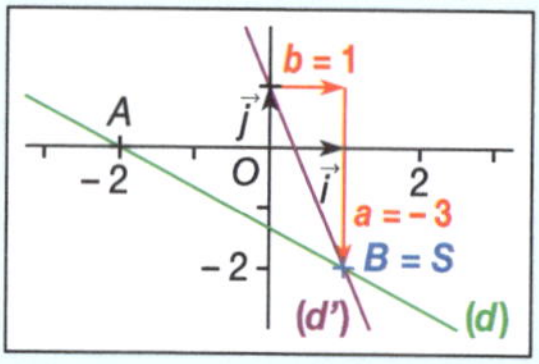


① On vérifie que la solution convient bien en remplaçant $x$ par 1 et $y$ par $-2$ dans les deux égalités : $\begin{cases} 2 \times 1 + 3(-2) = 2 - 6 = -4 \\ 3 \times 1 + (-2) = 3 - 2 = 1. \end{cases}$

② On aurait pu déterminer la solution par le calcul : *cf. fiche* 37.

③ Attention aux conventions d'écriture pour les solutions : $S = \{(x_S\,;y_S)\}$.

# Résoudre un système par le calcul
# Étudier l'intersection de deux droites

**Fiche 37**

## EXERCICES TYPES CORRIGÉS

**EXERCICE 1** Résoudre par le calcul le système suivant $\begin{cases} 2x + 3y = -4 \\ 3x + y = 1. \end{cases}$

**EXERCICE 2** Le plan est muni d'un repère $(O ; \vec{i}, \vec{j})$. Soit $(d)$ la droite d'équation $2x - 3y + 1 = 0$ et $(d')$ la droite d'équation $y = x - 1$.
Montrer que $(d)$ et $(d')$ sont sécantes en $S$ et calculer les coordonnées du point d'intersection $S$.

## Corrigé

**1** On commence toujours par vérifier que le système admet bien une solution unique en calculant $ab' - a'b$ (*cf.* fiche 36).

On a $ab' - a'b = 2 \times 1 - 3 \times 3 = -7 \neq 0$. Le système admet une solution unique, que l'on détermine par le calcul.

Deux méthodes sont possibles :

1re méthode : résolution par substitution

On exprime $x$ en fonction de $y$ (ou $y$ en fonction de $x$) à l'aide d'une des deux équations. Puis, on remplace (on substitue) $x$ par son expression en fonction de $y$ dans l'autre équation.

On ne choisit cette méthode que si l'un des coefficients devant $x$ ou $y$ est 1 ou $-1$ (pour éviter les calculs avec les fractions).

Ici, comme $b' = 1$, on exprime $y$ en fonction de $x$ à l'aide de la 2e équation :

$$\begin{cases} 2x + 3y = -4 & (1) \\ y = 1 - 3x & (2) \end{cases} \quad \begin{cases} 2x + 3(1 - 3x) = -4 & (1) \\ y = 1 - 3x & (2) \end{cases} \quad \begin{cases} 2x + 3 - 9x = -4 \\ y = 1 - 3x \end{cases}$$

$$\begin{cases} -7x = -7 \\ y = 1 - 3x \end{cases} \quad \begin{cases} x = \dfrac{-7}{-7} = 1 \\ y = 1 - 3 \times 1 = -2. \end{cases}$$

$\mathbf{S = \{(1 ; -2)\}}$.

2de méthode : résolution par combinaison

On se ramène à une équation du 1er degré en combinant les deux équations de telle sorte qu'on élimine l'une des deux inconnues.

On privilégiera systématiquement cette méthode lorsqu'aucun des coefficients devant $x$ ou $y$ ne vaut 1 ou $-1$.

On résout par combinaison :

On élimine les « $x$ » :

$$\begin{cases} 2x + 3y = -4 & (1) \times (+3) \\ 3x + y = 1 & (2) \times (-2) \end{cases}$$

D'où $\begin{cases} 6x + 9y = -12 \\ -6x - 2y = -2 \end{cases}$

On élimine les « $y$ » :

$$\begin{cases} 2x + 3y = -4 & (1) \\ 3x + y = 1 & (2) \times (-3) \end{cases}$$

$$\begin{cases} 2x + 3y = -4 \\ -9x - 3y = -3 \end{cases}$$



à détacher Vu !

Par somme :

$7y = -14$

et $y = \frac{-14}{7} = -2$

Par somme :

$-7x = -7$

et $x = \frac{-7}{-7} = 1$

Ainsi, $S = \{(1 ; -2)\}$.

① Attention à l'ordre des réels dans le couple solution (« d'abord $x$, puis $y$ »).

② On vérifie que les solutions conviennent bien :

$$\begin{cases} 2 \times 1 + 3 \times (-2) = 2 - 6 = -4 \\ 3 \times 1 + (-2) = 3 - 2 = 1. \end{cases}$$

**2** Les coordonnées du point d'intersection $S$, s'il existe, sont solutions du système

$$\begin{cases} 2x - 3y + 1 = 0 & (S(x ; y) \in (d)) \\ y = x - 1 & (S(x ; y) \in (d')) \end{cases} \quad \text{soit de} \quad \begin{cases} 2x - 3y = -1 \\ x - y = 1. \end{cases}$$

On a $ab' - a'b = 2 \times (-1) - 1 \times (-3) = -2 + 3 = 1 \neq 0$.

Un tel système admet bien une solution unique et **(*d*) et (*d'*) sont bien sécantes en un point S.**

Pour calculer les coordonnées de $S$, il suffit de résoudre le système ; on raisonne par substitution :

$$\begin{cases} 2x - 3y + 1 = 0 \\ y = x - 1 \end{cases}$$

$$\begin{cases} 2x - 3(x - 1) + 1 = 0 \\ y = x - 1 \end{cases}$$

$$\begin{cases} 2x - 3x + 3 + 1 = 0 \\ y = x - 1 \end{cases}$$

$$\begin{cases} -x + 4 = 0 \\ y = x - 1 \end{cases}$$

$$\begin{cases} 4 = x \\ y = 4 - 1 = 3. \end{cases}$$

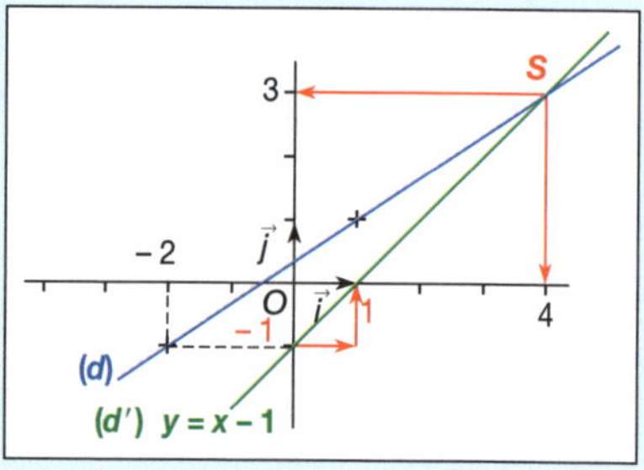


$S = \{(4 ; 3)\}$

**Les coordonnées de $S$ sont $S(4 ; 3)$.**

On peut vérifier graphiquement en traçant ($d$) d'équation réduite $y = \frac{2}{3}x + \frac{1}{3}$ (elle passe par $A(-2 ; -1)$ et $B(1 ; 1)$ et ($d'$) d'équation $y = x - 1$ (*cf. fiche* 16)).

# Représenter des solides dans l'espace

Fiche 38

## LE COURS

### Règles de la perspective cavalière

Dans une représentation en perspective cavalière :

- deux droites parallèles sont représentées par deux droites parallèles ;
- deux droites sécantes sont représentées par deux droites sécantes ; des points alignés sont représentés par des points alignés ;
- le milieu d'un segment est représenté par le milieu du segment dessiné (les proportions sont respectées sur un segment) ;

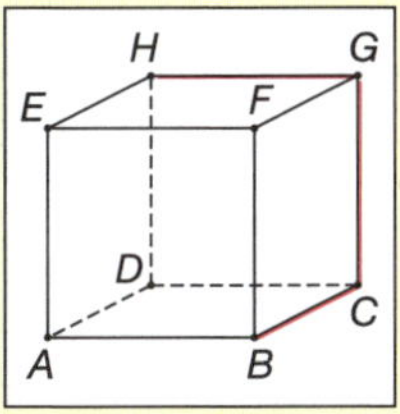


- les segments visibles sont représentés en traits pleins, les autres en pointillé ;
- **les longueurs et les angles ne sont pas respectés, sauf dans le plan frontal ou dans tout plan parallèle au plan frontal** ; en particulier, un angle droit n'est pas représenté par un angle droit, sauf dans un plan parallèle au plan frontal.

## EXERCICE TYPE CORRIGÉ

*ABCDEFGH* est un cube de côté 4.

**1.** À l'aide du logiciel Geospace, construire un patron de la pyramide *ABCDG*. Que peut-on conjecturer sur la nature des triangles *ADG* et *ABG* ?

**2.** En admettant la conjecture faite au **1.**, construire en vraie grandeur un patron de cette pyramide. Expliquer.

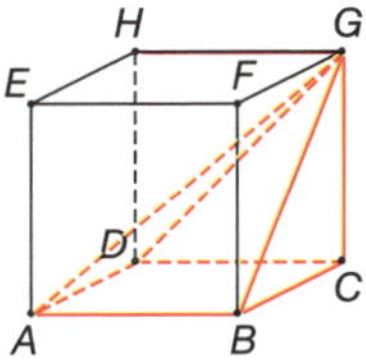


## Corrigé

**1.** On commence par créer un cube de côté 4.

Pour cela, on crée les points $A(4\,;0\,;0)$, $B(4\,;4\,;0)$, $C(0\,;4\,;0)$ et $D(0\,;0\,;0)$, à l'aide du menu déroulant « Créer/ Point/ Point repéré/ Dans l'espace » et du bouton Bis de la barre d'outils. Ensuite, on crée les points *E*, *F*, *G*, *H* images respectives de *A*, *B*, *C*, *D* par la translation de vecteur $4\vec{k}$, à l'aide du menu déroulant « Créer/ Point/ Point image par/ Translation de vecteur » et de la touche Bis (dans geos-



à détacher Vu !

pace, $\vec{k}$ s'écrit vec(k)). Enfin, on crée le cube à l'aide du menu déroulant « Créer/Solide/Polyèdre convexe/Défini par ses sommets ».

On crée de même la pyramide *ABCDG*, que l'on peut afficher d'une autre couleur à l'aide du bouton  de la barre d'outils.

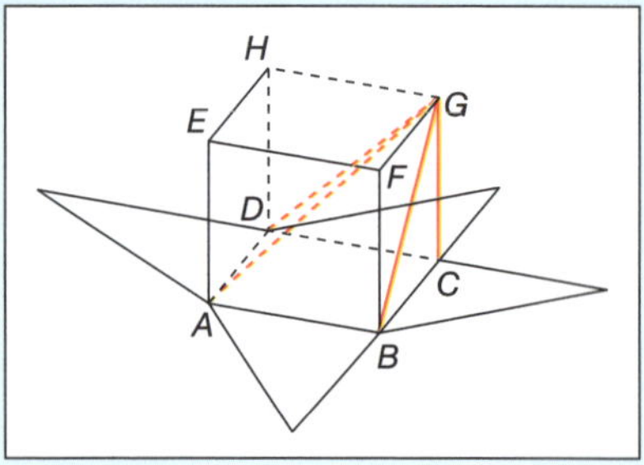


Pour obtenir le patron de cette pyramide, on va d'abord créer une variable *p* de [0 ; 1] qui sera le « coefficient d'ouverture » du patron : elle permet de piloter au clavier le dépliage du patron (menu « Créer/Numérique/Variable réelle libre dans un intervalle »). Ensuite, on crée le patron à l'aide du menu déroulant « Créer/Solide/Patron d'un polyèdre ». Enfin, pour déplier le patron, on pilote avec les touches ← et → du clavier (menu « Piloter/Piloter au clavier »).

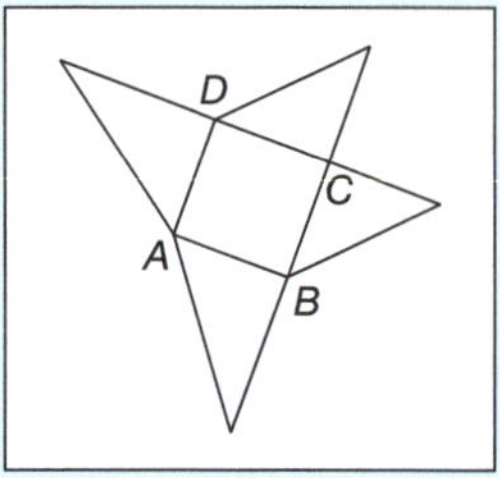


Pour visualiser le patron seul, il suffit de cliquer sur le bouton Plan isolé de la barre d'outils et de choisir le plan *ABC*.

**Les triangles *ADG* et *ABG* semblent rectangles respectivement en *D* et B.**

**2.** Une face de ce patron est un carré de côté *AB* = 4 (face *ABCD*).
Deux autres faces (les faces *DCG* et *BCG*) sont manifestement des triangles rectangles isocèles en *C* de bases *BC* = *DC* = *CG* = 4.
On admet, d'après l'énoncé, que les deux autres faces (faces *ABG* et *ADG*) sont des triangles rectangles respectivement en *B* et en *D*.

Pour construire ce patron en vraie grandeur, on construit d'abord le carré *ABCD* de côté 4.

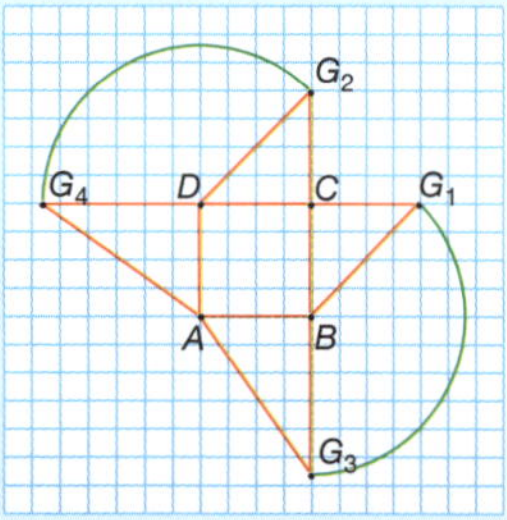


Puis, on construit les deux triangles rectangles isocèles en *C* de base 4, les triangles $BCG_1$ et $DCG_2$.
Ensuite, pour construire le triangle rectangle $ABG_3$ en *B*, il suffit de construire la perpendiculaire à (*AB*) passant par *B*, puis le cercle de centre *B* et de rayon $BG_1$ : leur point d'intersection est le point $G_3$.
On construit de même le triangle rectangle $ADG_4$ en *D*.
Le patron ci-dessus *n*'est pas dessiné en vraie grandeur.

# Étudier la coplanarité dans l'espace

Fiche 39

## LE COURS

### Plan de l'espace

Un plan de l'espace est défini par :
- trois points non alignés ;

ou
- un point et une droite ne passant pas par ce point ;

ou
- deux droites sécantes ;

ou
- deux droites strictement parallèles.

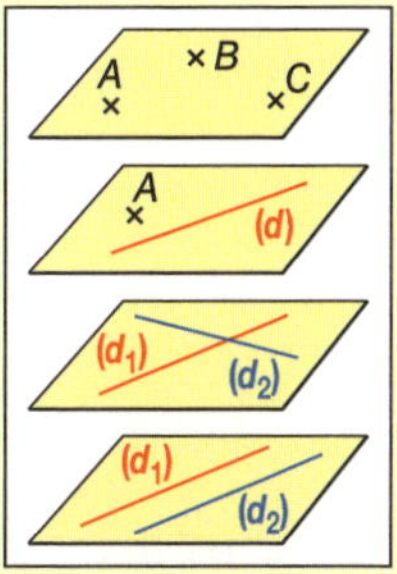


Tous les théorèmes de la géométrie plane s'appliquent dans chaque plan de l'espace.

### Droite et plan de l'espace

Si $A$ et $B$ sont deux points d'un plan $(\mathscr{P})$, alors tous les points de la droite $(AB)$ sont dans le le plan $(\mathscr{P})$.

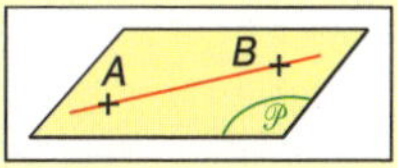


### Points et droites coplanaires

- Quatre points sont dits coplanaires quand ils appartiennent tous les quatre à un même plan.
- Deux droites sont dites coplanaires quand elles sont contenues dans un même plan. Elles sont donc soit sécantes, soit parallèles (dans ce plan).

## EXERCICE TYPE CORRIGÉ

*ABCDEFGH* est un cube.
*M* est le milieu de [*EF*], *Q* celui de [*FB*].
*N* est le centre de la face *ABCD*.
*P* est le centre de la face *BCGF*



à détacher Vu !

1. Pourquoi peut-on parler du plan (*ECF*) ?
(*MP*) est-elle dans (*ECF*) ?
2. Les points *N*, *D*, *P* et *G* sont-ils coplanaires ?
3. a. (*AN*) et (*DC*) sont-elles coplanaires ?
b. Même question pour (*MQ*) et (*EB*).
4. Vrai ou Faux. Justifier.
Les points *H*, *M*, *D* et *B* sont coplanaires.

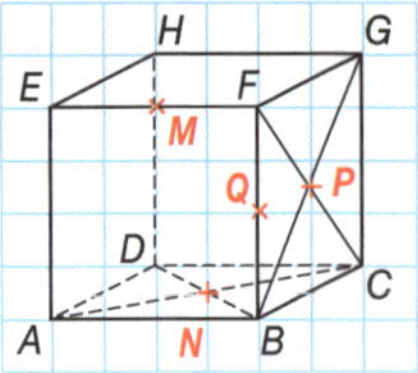


## Corrigé

1. **Les points *E*, *F*, *C* ne sont pas alignés** (car, sinon, le cube serait aplati) : ils définissent donc un plan, le plan (*ECF*).
Pour montrer qu'une droite est dans un plan, il suffit de montrer que deux points de cette droite sont dans le plan en question.
Les points *E* et *F* sont dans le plan (*ECF*) :
donc $(EF) \subset (ECF)$ (« $\subset$ » se lit : « est inclus »).
Comme $M \in (EF)$, $M \in (ECF)$.
De même, comme $(FC) \subset (ECF)$ et $P \in (FC)$, $P \in (ECF)$.
Ainsi, comme $\boldsymbol{M \in (ECF)}$ **et** $\boldsymbol{P \in (ECF)}$, $\boldsymbol{(MP) \subset (ECF)}$.

2. Pour montrer que des points sont coplanaires, on montre généralement qu'ils sont situés sur des droites coplanaires. Pour montrer que des droites sont coplanaires, on montre qu'elles sont soit sécantes, soit strictement parallèles (*cf. fiche* 41).
Les droites (*ND*) et (*PG*) sont sécantes en *B* : elles définissent donc un plan et **les points *N*, *D*, *P*, *G* sont coplanaires**.

3. a. **Les droites (*AN*) et (*DC*)** sont sécantes en C :
elles **sont** bien **coplanaires** ((*AN*) et (*DC*) sont dans le plan (*ABCD*)).

b. Dans le plan (*ABFE*) : $\left.\begin{array}{l} M \text{ est le milieu de } [EF] \\ Q \text{ est le milieu de } [FB] \end{array}\right\}$ donc $(MQ)//(EB)$

(d'après le théorème de la droite des milieux dans le triangle *EFB*). Ainsi, les droites **(*MQ*) et (*EB*) sont bien coplanaires**.

4. **Faux.** Raisonnons par l'absurde pour le démontrer :
Si *H*, *M*, *D*, *B* étaient coplanaires, ils seraient tous contenus dans le plan (*HDB*) qui est aussi le plan (*HDBF*). Or, *M* n'appartient pas à ce plan (*M*, milieu de [*EF*], est dans le plan frontal *ABFE*), car, sinon, le cube serait aplati. Donc, **les points *H*, *M*, *D* et *B* ne sont pas coplanaires**.
Attention à la lecture des figures en perspective cavalière.
Ici, il semblerait que les points *H*, *M*, *D* soient alignés (et donc que les points *H*, *M*, *D*, *B* soient coplanaires). Mais le point *M* est dans le plan frontal (*ABFE*), alors que les points *H* et *D* sont dans un plan parallèle, le plan (*HGCD*). De même, les droites (*MQ*) et (*EH*) ne sont pas sécantes (car, sinon, elles seraient coplanaires, nécessairement dans le plan (*EMQ*) qui est aussi le plan frontal (*ABFE*), ce qui est impossible puisque *H* n'est manifestement pas dans ce plan).

# Calculer des grandeurs dans l'espace

Fiche 40

LE COURS

## Volume des solides usuels

| Solide | Cube de côté $c$ | Pavé de côtés $L$, $\ell$, $h$ | Boule de rayon $R$ | Prisme, cylindre de hauteur $h$ | Pyramide, cône de hauteur $h$ |
|---|---|---|---|---|---|
| Volume $V$ | $V = c^3$ | $V = L \times \ell \times h$ | $V = \frac{4}{3}\pi R^3$ | $V =$ aire de base $\times h$ | $V = \frac{1}{3}$ aire de base $\times h$ |

## Aire des solides usuels

- L'aire d'une sphère de rayon $R$ est $\mathcal{A} = 4\pi R^2$.
- L'aire des autres solides est l'aire de leurs patrons.

En particulier :

l'aire du prisme droit et du cylindre est $\mathcal{A} =$ aire latérale $+ 2 \times$ aire de base

l'aire de la pyramide et du cône est $\mathcal{A} =$ aire latérale + aire de base.

EXERCICE TYPE CORRIGÉ

On considère un tétraèdre *SABC* de hauteur [*SA*] et de base le triangle *ABC*, tel que :

$SA = 4$ cm et $AB = 4$ cm ;

*SAB*, *SAC* et *ABC* sont trois triangles rectangles isocèles en *A*.

1. Représenter en perspective cavalière ce tétraèdre avec la face *SBC* en plan de face.
2. Dessiner un patron de ce tétraèdre en vraie grandeur.
3. a. Calculer *BC*.
b. Que peut-on dire du triangle *SBC* ?
4. a. Montrer que la hauteur $h$ dans le triangle *SBC* est $h = 2\sqrt{6}$.
b. En déduire l'aire du tétraèdre.
5. Calculer le volume de ce tétraèdre.

# Corrigé

**1.** On applique les règles de la perspective cavalière (*cf. fiche* 38) : les arêtes [*SA*], [*AB*] et [*AC*] ne sont pas visibles (*SBC* est en plan frontal).

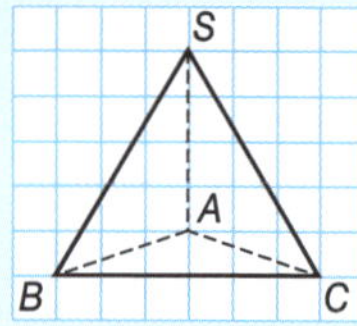


**2.** Le patron ci-contre n'est pas dessiné en vraie grandeur. Par hypothèse, trois faces sont des triangles rectangles isocèles de côté 4 et d'hypoténuse *a* ; une face est, par construction, un triangle équilatéral de côté *a*.

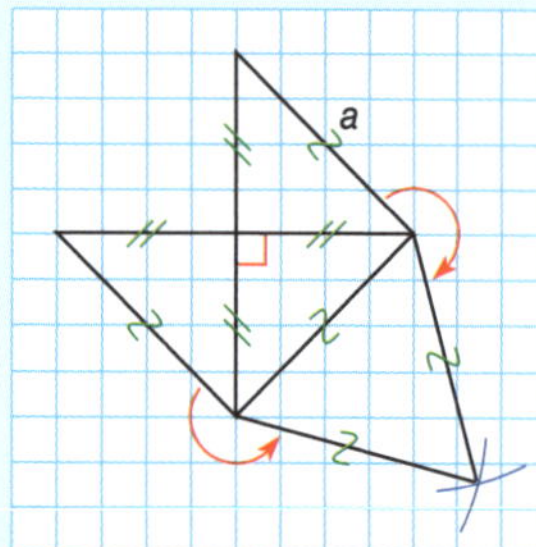


**3. a.** Pour calculer des longueurs en géométrie dans l'espace, on se place dans un plan contenant les segments considérés, et on applique les théorèmes classiques de la géométrie plane.

Ici, pour calculer *BC*, on se place dans le plan (*ABC*).

Le triangle *ABC* est rectangle en *A*. Donc, d'après Pythagore, on a : $AB^2 + AC^2 = BC^2$.

Comme $AB = AC = 4$ (triangle isocèle en *A*), $BC^2 = 4^2 + 4^2 = 32$ et $\mathbf{BC} = \sqrt{32} = \sqrt{16 \times 2} = \mathbf{4\sqrt{2}}$.

**b.** En raisonnant de même dans les triangles *SAC* et *SAB*, on montre que $SC = SB = 4\sqrt{2}$. **Le triangle *SBC* est donc un triangle équilatéral de côté $a = 4\sqrt{2}$.**

**4. a.** Soit *H* le pied de la hauteur issue de *S* dans *SBC*. Comme *SBC* est équilatéral, (*SH*) est aussi médiane (médiatrice et bissectrice) et *H* est le milieu de [*BC*]. D'après Pythagore, dans *SHB* rectangle en *H*, on a :

$SH^2 + HB^2 = SB^2$ soit $h^2 = SB^2 - HB^2 = 32 - \left(\frac{4\sqrt{2}}{2}\right)^2$.

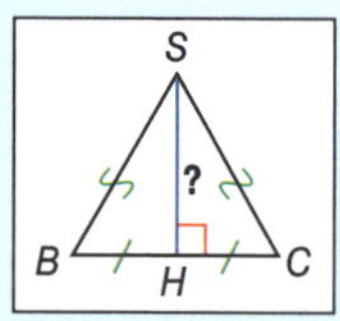


Ainsi, $h^2 = 32 - (2\sqrt{2})^2 = 32 - 8 = 24$ et $\mathbf{h} = \sqrt{24} = \sqrt{4 \times 6} = \mathbf{2\sqrt{6}}$.

**b.** L'aire du tétraèdre est l'aire du patron.

Ainsi, $\mathcal{A} = \mathcal{A}_{ABC} + \mathcal{A}_{SAB} + \mathcal{A}_{SAC} + \mathcal{A}_{SBC} = 3\mathcal{A}_{ABC} + \mathcal{A}_{SBC}$ (les triangles *ABC*, *SAB* et *SAC* ont même aire).

Or, $\mathcal{A}_{ABC} = \frac{AB \times AC}{2} = \frac{4 \times 4}{2} = 8$ et $\mathcal{A}_{SBC} = \frac{h \times BC}{2} = \frac{2\sqrt{6} \times 4\sqrt{2}}{2}$.

L'aire recherchée est donc $\mathcal{A} = 3 \times 8 + \sqrt{2 \times 3} \times 4\sqrt{2} = \mathbf{24 + 8\sqrt{3}}$ **(cm²)**.

**5.** Un tétraèdre est une pyramide à base triangulaire.

Le volume du tétraèdre est $V = \frac{1}{3}$ aire base × hauteur, où

$\begin{cases} \text{la hauteur est } SA = 4 \\ \text{l'aire de base est } \mathcal{A}_{ABC} = 8 \text{ (cf. 4. b.)}. \end{cases}$

Ainsi, $\mathbf{V} = \frac{1}{3} \times 4 \times 8 = \mathbf{\frac{32}{3}}$ **(cm³)**.

# Étudier la position relative de deux droites dans l'espace

Fiche 41

LE COURS

## Droites parallèles

• Deux droites sont dites parallèles lorsqu'elles sont coplanaires et sans point commun.

• Soient $(d_1)$, $(d_2)$ et $(\Delta)$ trois droites de l'espace : si $(d_1) \mathbin{/\!/} (\Delta)$ et si $(d_2) \mathbin{/\!/} (\Delta)$, alors $(d_1) \mathbin{/\!/} (d_2)$.

• Soient $(\mathcal{P}_1)$, $(\mathcal{P}_2)$ et $(Q)$ trois plans de l'espace.

$\begin{cases} \text{Si } (\mathcal{P}_1) \mathbin{/\!/} (\mathcal{P}_2) \text{ (sans point commun)} \\ \text{si } (\mathcal{P}_1) \text{ et } (Q) \text{ sont sécants selon} \\ \text{une droite } (d_1), \end{cases}$

alors $(\mathcal{P}_2)$ et $(Q)$ sont sécants selon une droite $(d_2)$ et $(d_1) \mathbin{/\!/} (d_2)$.

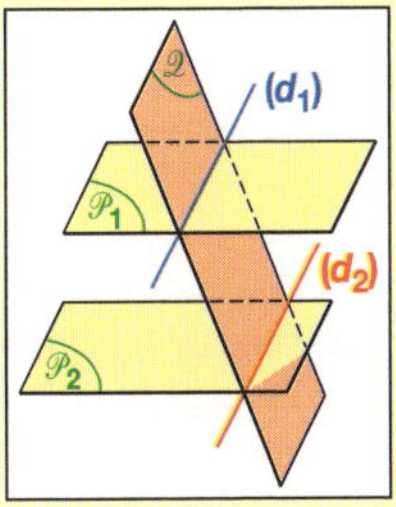


• Soient $(d_1)$ et $(d_2)$ deux droites de l'espace :
Soit $(\mathcal{P}_1)$ un plan contenant $(d_1)$ et $(\mathcal{P}_2)$ un plan contenant $(d_2)$.

$\begin{cases} \text{Si } (d_1) \mathbin{/\!/} (d_2) \\ \text{si } (\mathcal{P}_1) \text{ et } (\mathcal{P}_2) \text{ sont sécants selon une droite } (\Delta), \end{cases}$

alors $(\Delta) \mathbin{/\!/} (d_1)$ et $(\Delta) \mathbin{/\!/} (d_2)$.

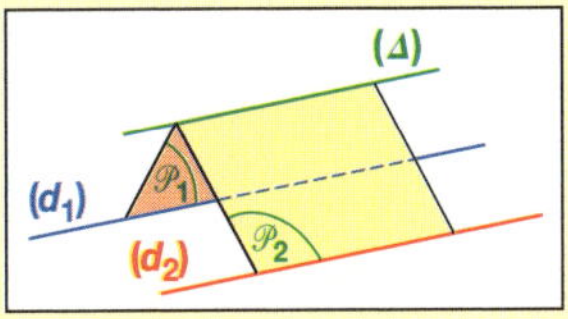


• Deux droites sans point commun ne sont pas nécessairement parallèles : elles peuvent être non coplanaires.
• Deux droites situées dans deux plans parallèles ne sont pas nécessairement parallèles (*cf. fiche* 60).



à détacher Vu !

## Position relative de deux droites $(d_1)$ et $(d_2)$ de l'espace

| $(d_1)$ et $(d_2)$ sont coplanaires | | $(d_1)$ et $(d_2)$ sont non coplanaires |
|---|---|---|
| 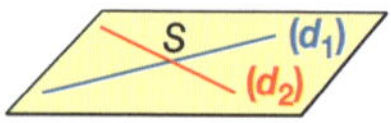<br>$(d_1)$ et $(d_2)$ sont sécantes en un point $S$.<br>Leur intersection est $S$. | <br>$(d_1)$ et $(d_2)$ sont parallèles.<br>Leur intersection est vide. | 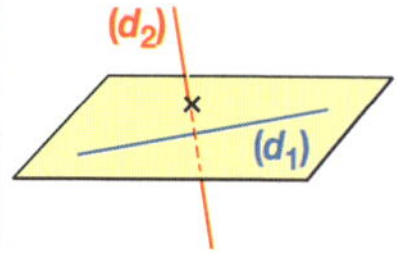<br>Leur intersection est vide. |

## EXERCICE TYPE CORRIGÉ

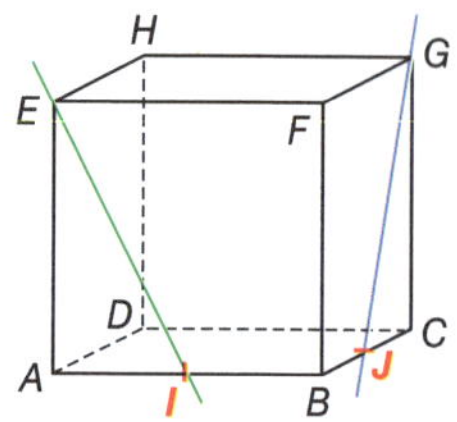


*ABCDEFGH* est un cube.
*I* et *J* sont les milieux respectifs de [*AB*] et de [*BC*].

**1. a.** Montrer que $(IJ) // (AC)$.
**b.** En déduire que $(IJ) // (EG)$.
**2. a.** Montrer que $(IE)$ et $(JG)$ sont coplanaires.
**b.** En déduire qu'elles sont sécantes en $\Omega$.

### Corrigé

**1. a.** Pour montrer que deux droites sont parallèles, on montre d'abord qu'elles sont coplanaires, puis on applique les théorèmes classiques de la géométrie plane.

$(IJ)$ et $(AC)$ sont deux droites du plan *ABCD*. De plus, dans le triangle *ABC*, *I* est le milieu de [*AB*] et *J* celui de [*BC*].
Ainsi, **d'après le théorème de la droite des milieux, $(IJ) // (AC)$.**

**b.** Le quadrilatère *AEGC* est un parallélogramme ($(AE) // (GC)$ et $AE = CG$) donc $(AC) // (EG)$. Ainsi, d'après **a.**, **$(IJ) // (EG)$.**

**2. a.** D'après **1. b.**, $(IJ) // (EG)$. Ainsi, $(IJ)$ et $(EG)$ sont coplanaires : les points *I*, *J*, *E*, *G* appartiennent à un même plan et **$(IE)$ et $(JG)$ sont bien coplanaires.**

**b.** Pour montrer que deux droites coplanaires sont sécantes, on montre (en raisonnant par l'absurde) qu'elles ne sont pas parallèles.

D'après **2. a.**, $(IE)$ et $(JG)$ sont soit sécantes en un point, soit parallèles. Or, si elles étaient parallèles, comme $(IJ)$ est aussi parallèle à $(EG)$, cela signifierait que *IJGE* est un parallélogramme et qu'en particulier *IJ* serait égal à *EG*.

Or, d'après **1. a.**, $IJ = \frac{1}{2} AC = \frac{1}{2} EG \neq EG$.

Ainsi, *IJGE* n'est pas un parallélogramme et **$(IE)$ et $(JG)$ ne sont pas parallèles : $(IE)$ et $(JG)$ sont donc bien sécantes en $\Omega$.**

# Étudier la position relative de deux plans dans l'espace

**Fiche 42**

**LE COURS**

## Plans parallèles

- Deux plans sont dits parallèles lorsqu'ils n'ont aucun point commun.

- Soient $(\mathcal{P}_1)$, $(\mathcal{P}_2)$ et $(\mathcal{Q})$ trois plans de l'espace :

$$\left.\begin{array}{l}\text{si } (\mathcal{P}_1) \,/\!/\, (\mathcal{Q}) \\ \text{si } (\mathcal{P}_2) \,/\!/\, (\mathcal{Q})\end{array}\right\}, \text{ alors } (\mathcal{P}_1) \,/\!/\, (\mathcal{P}_2).$$

- Si deux droites sécantes d'un plan $(\mathcal{P})$ sont respectivement parallèles à deux droites sécantes d'un plan $(\mathcal{Q})$, alors $(\mathcal{P}) \,/\!/\, (\mathcal{Q})$.

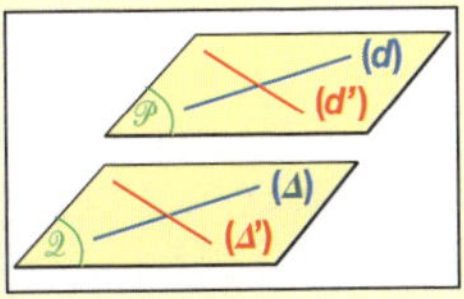


## Position relative de deux plans $(\mathcal{P})$ et $(\mathcal{Q})$ de l'espace

| $(\mathcal{P})$ et $(\mathcal{Q})$ sont parallèles | | $(\mathcal{P})$ et $(\mathcal{Q})$ sont sécants |
|---|---|---|
| 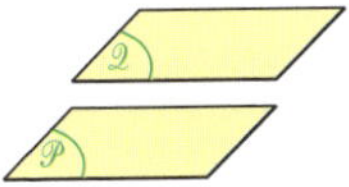  $(\mathcal{P})$ et $(\mathcal{Q})$ sont parallèles strictement. Leur intersection est vide. |   $(\mathcal{P})$ et $(\mathcal{Q})$ sont confondus. Leur intersection est $(\mathcal{P})$. | 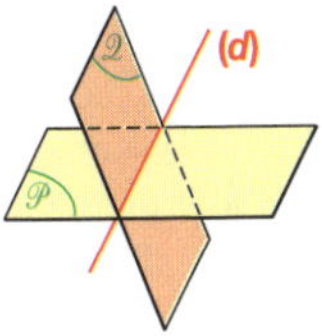  $(\mathcal{P})$ et $(\mathcal{Q})$ sont sécants selon une droite $(d)$. Leur intersection est $(d)$. |

## EXERCICE TYPE CORRIGÉ

Sur la figure ci-contre, $ABCD$ est un tétraèdre ;

$I \in [AB]$ et $AI = \frac{1}{3} AB$ ;

$J \in [AC]$ et $AJ = \frac{1}{3} AC$ ;

$K \in [AD]$ et $AK = \frac{1}{3} AD$ ;

$L$ est le milieu de $[CD]$.

1. Montrer que $(IJK)$ est parallèle à $(BCD)$.
2. Quelle est l'intersection de $(IKL)$ et $(ABD)$ ?
3. Soit $E$ le point d'intersection de $(KL)$ et $(AC)$. Montrer que $(IKL)$ et $(ABC)$ sont sécants selon $(IE)$.

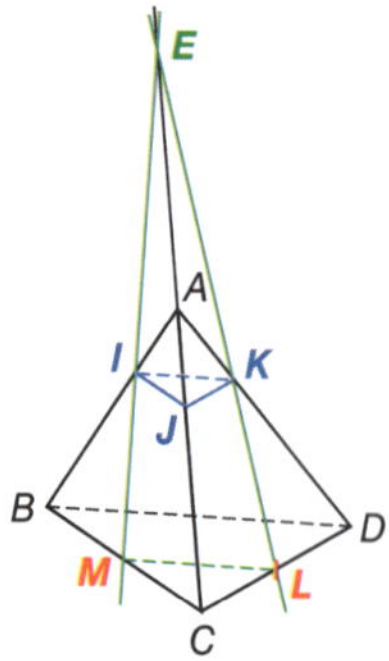


## Corrigé

**1.** Pour montrer que deux plans sont parallèles, on montre que deux droites sécantes de l'un sont parallèles à deux droites sécantes de l'autre.

Pour montrer que deux droites sont parallèles, on montre d'abord qu'elles sont coplanaires, puis on applique les théorèmes classiques de géométrie plane (*cf. fiche* 41).

La droite $(BC)$ est clairement située dans le plan $(ABC)$. En outre,

$I \in [AB]$ et $(AB) \subset (ABC)$ donc $I \in (ABC)$
de même, $J \in (ABC)$ } ainsi, $(IJ) \subset (ABC)$.

De plus, dans le triangle $ABC$, on a $\frac{AI}{AB} = \frac{1}{3} = \frac{AJ}{AC}$, et $A$, $I$, $B$ et $A$, $J$, $C$ sont alignés dans cet ordre. D'après la réciproque de Thalès, **$(IJ)$ // $(BC)$.**

En utilisant de même la réciproque de Thalès dans le plan $(ABD)$, on montre aussi que **$(IK)$ // $(BD)$**.

Ainsi, comme les droites $(IJ)$ et $(IK)$ sont deux droites sécantes du plan $(IJK)$ et sont parallèles aux droites sécantes $(BC)$ et $(BD)$ du plan $(BCD)$, **$(IJK)$ et $(BCD)$ sont parallèles.**

**2.** Pour déterminer l'intersection de deux plans distincts, on cherche deux points communs à ces deux plans.

- $I \in (AB)$ et $(AB) \subset (ABD)$ donc $I \in (ABD)$
de même, $K \in (AD)$ et $(AD) \subset (ABD)$ : $K \in (ABD)$ } $(IK) \subset (ABD)$.
- De plus, il est clair que $(IK) \subset (IKL)$.

Ainsi, **$(ABD)$ et $(IKL)$ sont sécants selon la droite $(IK)$.**

**3.** Comme $E \in (AC)$ et $(AC) \subset (ABC)$, $E \in (ABC)$
de plus, d'après **1.**, $I \in (ABC)$ } $(IE) \subset (ABC)$.

De même, $I \in (IKL)$ et $E \in (IKL)$, $(IE) \subset (IKL)$.

**$(IKL)$ et $(ABC)$ sont sécants selon la droite $(IE)$.**

La section du tétraèdre par $(IKL)$ est le quadrilatère $IKLM$, où $M$ est le point d'intersection de $(IE)$ et $(BC)$.

# Étudier la position relative d'une droite et d'un plan de l'espace

Fiche **43**

## LE COURS

### Droite parallèle à un plan

- Une droite est dite parallèle à un plan lorsqu'ils n'ont pas de point commun.

- Si deux droites $(d_1)$ et $(d_2)$ sont parallèles, alors $(d_1)$ est parallèle à tout plan $(\mathscr{P})$ contenant $(d_2)$.

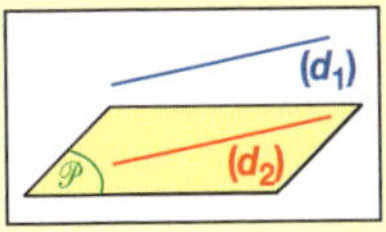


### Position relative d'une droite $(d)$ et d'un plan $(\mathscr{P})$ de l'espace

| $(d)$ et $(\mathscr{P})$ sont parallèles | | $(d)$ et $(\mathscr{P})$ sont sécants |
|---|---|---|
| 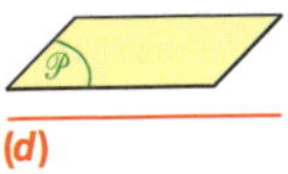  $(d)$ et $(\mathscr{P})$ sont parallèles strictement. Leur intersection est vide. |   $(d)$ est incluse dans $(\mathscr{P})$. Leur intersection est $(d)$. | 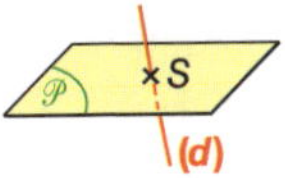  $(d)$ et $(\mathscr{P})$ sont sécants en un point $S$. Leur intersection est $S$. |

## EXERCICE TYPE CORRIGÉ

$ABCDEFGH$ est un cube.
$I$ est le milieu de $[AB]$.
Indiquer et justifier la position relative de la droite et du plan dans chacun des cas suivants :

**a.** $(IF)$ et $(ABE)$ ; **b.** $(AF)$ et $(CDH)$ ;
**c.** $(DC)$ et $(AEH)$ ; **d.** $(IE)$ et $(BCG)$.

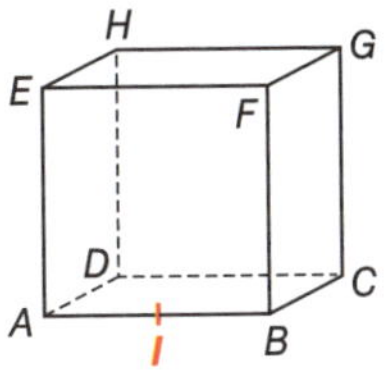


### Corrigé

Pour déterminer la position relative d'une droite $(d)$ et d'un plan $(\mathscr{P})$, on peut chercher à inclure cette droite dans un plan $(Q)$ dont on connaît la position par rapport à $(\mathscr{P})$.

On peut aussi étudier la position relative de $(d)$ et d'une droite (coplanaire) $(d')$ bien choisie du plan $(\mathcal{P})$ :

- si $(d) \mathbin{//} (d')$, alors $(d) \mathbin{//} (\mathcal{P})$ ;
- si $(d)$ et $(d')$ sont sécantes en un point $S$, alors $(d)$ et $(\mathcal{P})$ ont au moins un point commun, le point $S$.

**a.** Les points $I$ et $F$ sont situés dans le plan $(ABE)$.
Donc la droite **$(IF)$ est incluse dans $(ABE)$.**

**b.** $(AF)$ est située dans le plan $(ABE)$ qui est parallèle au plan $(CDH)$ : $(AF)$ n'a donc pas de point commun avec $(CDH)$.
$(AF)$ est parallèle à la droite $(DG)$ (le quadrilatère $AFGD$ est un parallélogramme, car $(FG) \mathbin{//} (AD)$ et $FG = AD$).
De plus, $(DG) \subset (CDH)$.
Ainsi, **$(AF)$ est parallèle au plan $(CDH)$.**

**c.** $(DC)$ n'est manifestement pas parallèle au plan $(AEH)$ et est sécante avec $(AEH)$ en $D$.
$(DC)$ et $(AD)$ sont sécantes en $D$. Or, $(AD) \subset (AEH)$ et $D \in (AEH)$. Ainsi, $(DC)$ et $(AEH)$ ont au moins un point commun, le point $D$. C'est le seul, car $(DC)$ n'est pas incluse dans le plan $(AEH)$ $(C \notin (AEH))$.
Ainsi, **$(DC)$ et $(AEH)$ sont sécants en $D$.**

**d.** $(IE)$ est sécante avec la droite $(BF)$ du plan $(BCG)$ : $(IE)$ n'est donc pas parallèle au plan $(BCG)$ et est sécante avec ce plan en au moins un point.
$(IE)$ et $(BF)$ sont coplanaires et non parallèles : ces deux droites sont donc sécantes en un point $\Omega$.
Comme $(BF) \subset (BCG)$, $\Omega \in (BCG)$ : $\Omega$ est donc un point commun à $(IE)$ et $(BCG)$.
Or, $(IE)$ n'est pas incluse dans le plan $(BCG)$ $(I \notin (BCG)$ et $E \notin (BCG))$.
Ainsi, **$(IE)$ coupe $(BCG)$ en un unique point, le point $\Omega$,** construit ci-dessous :

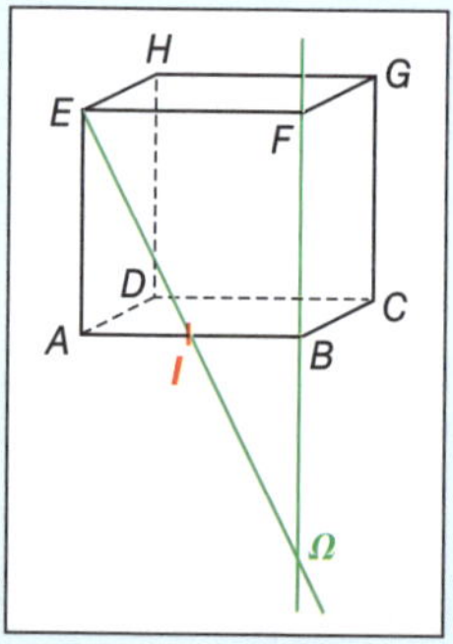

# Déterminer effectifs et fréquences cumulé(e)s (dé)croissant(e)s

Fiche 44

## LE COURS

### Description d'une série statistique

**Population** : ensemble étudié.
**Individu** : élément de cet ensemble.
**Échantillon** : partie de la population étudiée.
**Caractère** : aspect étudié.

- Le caractère est **quantitatif** si les valeurs prises peuvent être mesurées (**quantitatif discret** si les valeurs sont isolées ; **quantitatif continu** si les valeurs sont des intervalles) ;
- le caractère est **qualitatif**, sinon.

**Série statistique** : liste des valeurs (notées $x_i$) du caractère.

### Effectif et fréquence

**Effectif d'une valeur** $x_i$ : nombre $n_i$ d'individus ayant cette valeur.

**Fréquence d'une valeur** $x_i$ : $f_i = \dfrac{n_i}{N}$ ← effectif de la valeur de $x_i$ ; $N$ ← effectif total

**Effectifs cumulés (dé)croissants** : ils s'obtiennent en ajoutant au fur et à mesure, dans l'ordre (dé)croissant des données, les effectifs des valeurs précédentes.
**Fréquences cumulées (dé)croissantes** : on ajoute les fréquences dans l'ordre (dé)croissant des données.

## EXERCICE TYPE CORRIGÉ

On s'intéresse au temps quotidien passé devant la télévision par 30 élèves de seconde. On obtient le tableau suivant :

| Temps quotidien en heure | [0 ; 1[ | [1 ; 2[ | [2 ; 3[ | [3 ; 4[ | [4 ; 24[ |
|---|---|---|---|---|---|
| Pourcentage d'élèves | 10 | 17 | 19 | 17 | 37 |

1. a. Quelle est la population étudiée ?
b. Préciser le caractère. Est-il quantitatif (discret ou continu) ?
2. Calculer les effectifs de cette série (arrondir à l'entier le plus proche).
3. a. Quel est le pourcentage d'élèves qui regardent la télévision au moins 2 heures par jour ? Justifier.
b. Combien d'élèves regardent la télévision moins de 2 heures par jour ?



à détacher

## Corrigé

**1. a.** La **population** étudiée est la **classe de seconde** (30 individus).

**b.** Le **caractère** étudié est le **temps quotidien** passé devant la télévision ; c'est un **caractère quantitatif continu**.

**2.** En multipliant la fréquence $f_i$ par 100, on obtient le pourcentage $p_i$ d'élèves correspondant à la valeur $x_i$ du caractère.

Ainsi, $p_i = f_i \times 100 = \frac{n_i}{N} \times 100$

et $n_i = \frac{p_i}{100} \times N$.

| $x_i$ | [0 ; 1[ | [1 ; 2[ | [2 ; 3[ | [3 ; 4[ | [4 ; 24[ | Total |
|---|---|---|---|---|---|---|
| $p_i$ | 10 | 17 | 19 | 17 | 37 | 100 |
| $n_i$ | 3 $\left(\frac{10 \times 30}{100}\right)$ | ≈ 5 | ≈ 6 | ≈ 5 | ≈ 11 | 30 |

**3. a.** On calcule les fréquences cumulées décroissantes en pourcentage (« au moins 2 heures par jour » correspond aux valeurs [2 ; 3[, [3 ; 4[ et [4 ; 24[).

| $x_i$ | [0 ; 1[ | [1 ; 2[ | [2 ; 3[ | [3 ; 4[ | [4 ; 24[ |
|---|---|---|---|---|---|
| $p_i$ | 10 | 17 | 19 | 17 | 37 |
| $p_i$ cumulés décroissants | 100 | 90 | 73 (54 + 19) | 54 (17 + 37) | 37 |

**73 % des élèves regardent la télévision au moins 2 heures par jour.**

**b.** On calcule les effectifs cumulés croissants (« moins de 2 heures par jour » correspond aux valeurs [0 ; 1[ et [1 ; 2[).

| $x_i$ | [0 ; 1[ | [1 ; 2[ | [2 ; 3[ | [3 ; 4[ | [4 ; 24[ |
|---|---|---|---|---|---|
| $n_i$ | 3 | 5 | 6 | 5 | 11 |
| $n_i$ cumulés croissants | 3 | 8 (3 + 5) | 14 (8 + 6) | 19 | 30 |

**8 élèves regardent la télévision moins de 2 heures par jour.**

# Représenter une série

Fiche 45

## LE COURS

### Nuage de points

Les points ont pour abscisse la valeur du caractère $x_i$ et pour ordonnée l'effectif $n_i$ ou la fréquence correspondante $f_i$.

### Histogramme

L'aire du rectangle est proportionnelle à l'effectif ou à la fréquence. En particulier, quand les classes du caractère ont même amplitude (rectangles de même largeur), la hauteur du rectangle est aussi proportionnelle à l'effectif ou à la fréquence.

### Courbe des fréquences cumulées

C'est la ligne brisée obtenue en reliant les points qui ont pour abscisse la borne supérieure d'une classe et pour ordonnée la fréquence cumulée croissante ou décroissante correspondante.

## EXERCICES TYPES CORRIGÉS

**EXERCICE 1** Représenter chacune des séries ci-dessous en choisissant le diagramme le plus adapté. Que pouvez-vous déduire de ces représentations ?

1. Nombre d'enfants de 0 à 24 ans par famille à Cize.

| Nombre d'enfants | 0 | 1 | 2 | 3 | 4 | 5 |
|---|---|---|---|---|---|---|
| Nombre de familles | 124 | 59 | 53 | 14 | 1 | 1 |

2. Durée de vie en centaines d'heures d'une ampoule (taille échantillon : 100).

| Durée de vie | [0 ; 1[ | [1 ; 2[ | [2 ; 3[ | [3 ; 4[ | [4 ; 5[ | [5 ; 6[ |
|---|---|---|---|---|---|---|
| Pourcentage d'ampoules | 32 | 27 | 23 | 9 | 4 | 5 |

**EXERCICE 2** Lors d'un concours de pêche, on a pesé les poissons de chaque pêcheur, puis on a réparti les résultats de la façon suivante :

| Masse $m$ (en kg) | [0 ; 0,5[ | [0,5 ; 1[ | [1 ; 1,5[ | [1,5 ; 2[ | [2 ; 2,5[ |
|---|---|---|---|---|---|
| Pourcentage de pêcheurs | 54 | 23 | 13 | 5 | 5 |

Construire le polygone des fréquences cumulées croissantes.

# Corrigé

**1** **1.** La première série correspond à un caractère quantitatif discret. La représentation la plus adaptée est le nuage de points.
On voit que la valeur la plus fréquente (le mode) est 0.
On rencontre le plus souvent des familles sans enfant à Cize.

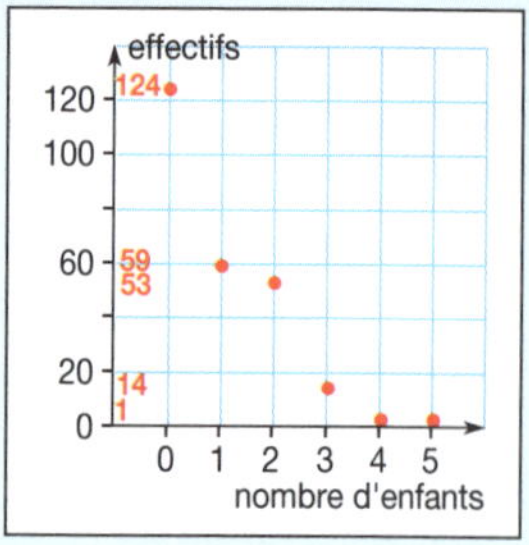


**2.** La seconde série correspond à un caractère quantitatif continu. La représentation la plus adaptée est l'histogramme. Comme les classes ont même amplitude, la hauteur des rectangles est proportionnelle à la fréquence.
La classe modale est [0 ; 1[.
Le plus souvent, les ampoules ont une durée de vie inférieure à 100 heures. La majorité des ampoules durent moins de 300 heures.

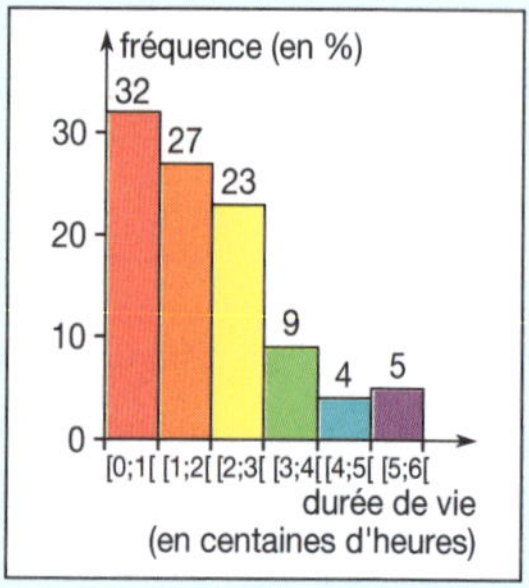


**2** On commence par calculer les fréquences cumulées croissantes fcc (*cf. fiche* 44). On a :

| **Masse *m* (en kg)** | [0 ; 0,5[ | [0,5 ; 1[ | [1 ; 1,5[ | [1,5 ; 2[ | [2 ; 2,5[ |
|---|---|---|---|---|---|
| **Fréquence** | 54 | 23 | 13 | 5 | 5 |
| **fcc** | 54 | 77 | 90 | 95 | 100 |

On considère ensuite les points *A*(0,5 ; 54), *B*(1 ; 77), *C*(1,5 ; 90), *D*(2 ; 95) et *E*(2,5 ; 100). Le polygone des fréquences cumulées croissantes est la ligne brisée *OABCDE*.
D'où le polygone des fréquences cumulées croissantes.

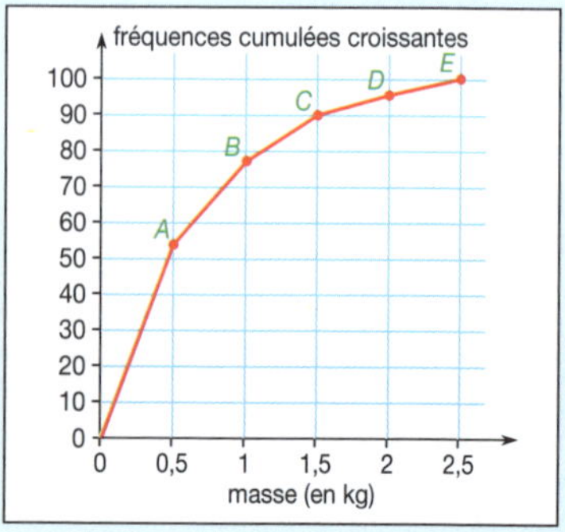

# Déterminer la médiane d'une série

Fiche 46

## LE COURS

• La médiane d'une série partage cette série en deux sous-séries de même effectif environ.

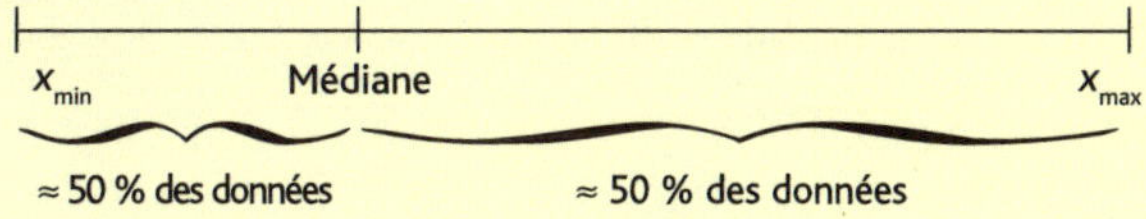


Au moins 50 % des données ont une valeur inférieure ou égale à la médiane.

• Pour déterminer la médiane d'une série à caractère discret, on range les $N$ valeurs par ordre croissant :

• si $N$ est impair, la médiane est la valeur centrale, soit le terme de rang $\frac{N+1}{2}$ ;

• si $N$ est pair, la médiane est la demi-somme des valeurs centrales, soit la demi-somme du terme de rang $\frac{N}{2}$ et du terme de rang suivant $\left(\frac{N}{2}+1\right)$.

En fait, toute valeur comprise entre les deux valeurs centrales pourrait convenir comme médiane ; l'usage veut que l'on choisisse la demi-somme.

## EXERCICES TYPES CORRIGÉS

**EXERCICE 1** Le tableau ci-dessous donne la taille de 59 enfants âgés de 1 an :

| Taille (en cm) | 67 | 68 | 69 | 70 | 71 | 72 | 73 | 74 | 75 | 76 | 77 | 86 |
|---|---|---|---|---|---|---|---|---|---|---|---|---|
| Effectif | 1 | 3 | 4 | 7 | 9 | 10 | 8 | 7 | 5 | 3 | 1 | 1 |

1. Calculer la taille médiane et l'interpréter avec une phrase.
2. Que devient la médiane si on supprime la plus grande taille ?

**EXERCICE 2** On donne les durées, en minutes, du trajet maison-lycée des élèves du lycée Louise Michel :

| Durée $d$ | [0 ; 20[ | [20 ; 40[ | [40 ; 60[ | [60 ; 80[ |
|---|---|---|---|---|
| Fréquence en % | 26 | 34 | 19 | 21 |

Donner une valeur approchée de la médiane.

## Corrigé

**1** **1.** On a $N = 59$. La médiane est la valeur centrale, soit le terme de rang $\frac{N+1}{2} = 30$. Pour déterminer le terme de rang 30, on calcule les effectifs cumulés croissants (*cf. fiche* 44) :

| Taille | 67 | 68 | 69 | 70 | 71 | 72 | 73 | 74 | 75 | 76 | 77 | 86 |
|---|---|---|---|---|---|---|---|---|---|---|---|---|
| Effectif | 1 | 3 | 4 | 7 | 9 | 10 | 8 | 7 | 5 | 3 | 1 | 1 |
| Effectif cumulé croissant | 1 | 4 | 8 | 15 | 24 | 34 | 42 | 49 | 54 | 57 | 58 | 59 |

Le terme de rang 30 est 72 (le premier « 72 » est le terme de rang 25, le dernier « 72 » est le terme de rang 34).

**La taille médiane est 72 cm : il y a au moins la moitié des enfants qui mesurent 72 cm et moins.**

**2.** On a $N' = 58$. La médiane est alors la demi-somme des valeurs centrales, soit le terme de rang 29 $\left(\frac{N}{2} = \frac{58}{2} = 29\right)$ et de rang 30. D'après le tableau précédent, $t_{29} = t_{30} = 72$ et **la taille médiane reste 72 cm** $\left(\frac{72+72}{2} = 72\right)$.

**2** La médiane correspond à une fréquence cumulée croissante de 50 %. On calcule les fréquences cumulées croissantes, puis on trace le polygone des fréquences cumulées croissantes (en considérant que les élèves se répartissent uniformément dans chaque classe) (*cf. fiche* 45).

| $d$ | [0 ; 20[ | [20 ; 40[ | [40 ; 60[ | [60 ; 80[ |
|---|---|---|---|---|
| Fréquence | 26 | 34 | 19 | 21 |
| Fréquences cumulées croissantes | 26 | 60 | 79 | 100 |

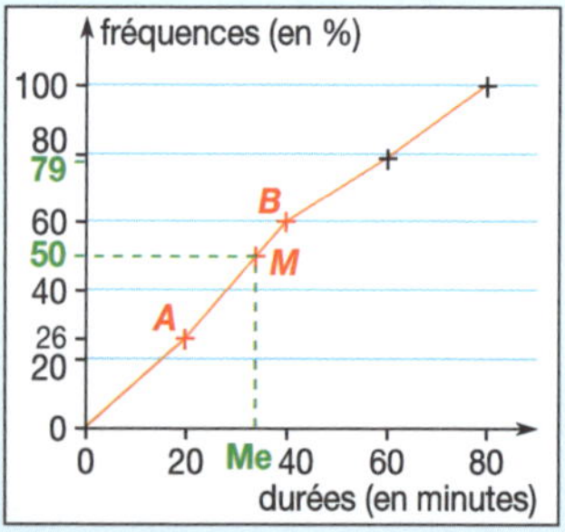


**La classe médiane est [20 ; 40[. Une valeur approchée de la médiane est 34 minutes.**

On peut déterminer la médiane à l'aide de l'équation de [$AB$], où $A(20 ; 26)$ et $B(40 ; 60)$ (*cf. fiche* 34) : $y = 1{,}7x - 8$.

Alors $50 = 1{,}7 \times \text{Me} - 8$ et $\text{Me} = \frac{50+8}{1{,}7} \approx 34$.

# Déterminer les quartiles d'une série

Fiche 47

## LE COURS

• Les quartiles d'une série partagent cette série en quatre sous-séries de même effectif environ.

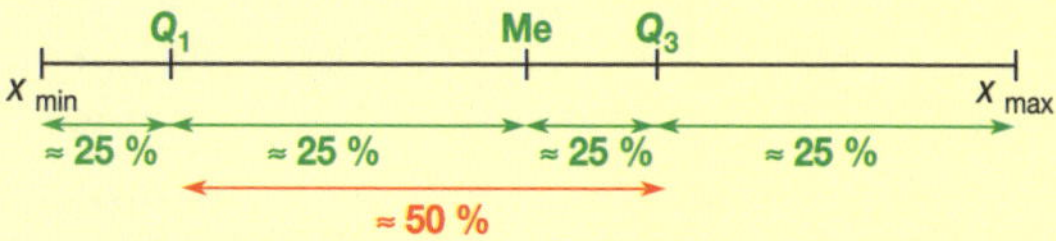


Au moins 25 % (75 %) des données ont une valeur inférieure ou égale au premier quartile $Q_1$ (au troisième quartile $Q_3$).
Le deuxième quartile est la médiane (*cf. fiche* 46).

• Pour déterminer les quartiles d'une série à caractère discret, on range les $N$ valeurs de la série par ordre croissant :

$Q_1$ est le terme de rang immédiatement supérieur à $\frac{N}{4}$ ;

$Q_3$ est le terme de rang immédiatement supérieur à $\frac{3N}{4}$.

## EXERCICES TYPES CORRIGÉS

**EXERCICE 1** Un laboratoire a réalisé des analyses de glycémie à jeun sur 50 personnes. Les résultats sont regroupés dans le tableau ci-dessous :

| Glycémie (en mg/L) | 0,65 | 0,68 | 0,74 | 0,81 | 0,83 | 0,87 |
|---|---|---|---|---|---|---|
| Effectifs | 1 | 1 | 3 | 5 | 10 | 11 |

| Glycémie (en mg/L) | 0,92 | 0,96 | 1 | 1,02 | 1,11 | 1,13 |
|---|---|---|---|---|---|---|
| Effectifs | 8 | 6 | 1 | 1 | 2 | 1 |

Déterminer les quartiles de cette série. Les interpréter.

**EXERCICE 2** Un site de vente aux enchères sur Internet désire réaliser une étude statistique de sa clientèle. Les responsables de l'étude utilisent un échantillon de 3 000 clients parmi les plus réguliers du site. La question posée porte sur la durée moyenne de connexion en minutes durant une période d'une semaine. On obtient les résultats suivants : $Q_1 = 65$ ; Me = 85 ; $Q_3 = 100$ ; $\bar{d} \approx 83{,}5$.

1. Quel est le nombre minimum de clients dont la durée moyenne de connexion par semaine sur le site est inférieure à 1 h 05 ?

2. Les responsables du site espèrent qu'au moins 1 000 personnes se connectent en moyenne 1 h 40 ou plus par semaine. Cet objectif est-il atteint ?

## Corrigé

**1** Pour cela, on commence par calculer les effectifs cumulés croissants, notés ecc (*cf. fiche* 44) :

| **Glycémie (en mg/L)** | 0,65 | 0,68 | 0,74 | 0,81 | 0,83 | 0,87 |
|---|---|---|---|---|---|---|
| **ecc** | 1 | 2 | 5 | 10 | 20 | 31 |

| **Glycémie (en mg/L)** | 0,92 | 0,96 | 1 | 1,02 | 1,11 | 1,13 |
|---|---|---|---|---|---|---|
| **ecc** | 39 | 45 | 46 | 47 | 49 | 50 |

On a $\frac{N}{4} = \frac{50}{4} = 12{,}5$ et $\frac{3N}{4} = \frac{150}{4} = 37{,}5$.

Donc $\begin{cases} Q_1 \text{ est le terme de rang 13, soit } \mathbf{Q_1 = 0{,}83}. \\ Q_3 \text{ est le terme de rang 38, soit } \mathbf{Q_3 = 0{,}92}. \end{cases}$

Le 1er « 0,83 » est le terme de rang 11, le dernier le terme de rang 20.

**Au moins un quart des personnes ont un taux de glycémie à jeun inférieur ou égal à 0,83 mg/L ; au moins 75 % des personnes ont un taux de glycémie à jeun inférieur ou égal à 0,92 mg/L.**

Par ailleurs, $N$ est pair, donc la médiane est la demi-somme des valeurs centrales (*cf. fiche* 46), soit la demi-somme des termes de rang 25 et 26 $\left(\frac{N}{2} = 25\right)$. Or, d'après le tableau, $t_{25} = t_{26} = 0{,}87$.

Ainsi, la médiane est **Me = 0,87. Au moins la moitié des personnes ont un taux de glycémie à jeun supérieur ou égal à 0,87 mg/L.**

**2** 1. 1 h 05 correspond à 65 minutes, soit à $Q_1$. Calculons $N \div 4$ :

On a $\frac{N}{4} = \frac{3\,000}{4} = 750$. Ainsi, comme $Q_1 = 65$ min = 1 h 05, **il y a au moins 750 clients qui se connectent en moyenne moins d'1 h 05 par semaine.**

2. 1 h 40 correspond à 100 minutes, soit à $Q_3$. Calculons $3N \div 4$ :

On a $\frac{3N}{4} = \frac{9\,000}{4} = 2\,250$ : il y a au moins 2 250 clients qui se connectent en moyenne moins d'1 h 40 par semaine. Il ne reste plus qu'au plus 750 clients qui se connecteraient plus d'1 h 40 par semaine : **l'objectif n'est pas atteint.**

# Déterminer la moyenne d'une série

Fiche 48

LE COURS

## Définition

- On considère la série statistique suivante d'effectif total $N$ :

| Valeurs du caractère $x_i$ | $x_1$ | $x_2$ | ... | $x_p$ |
|---|---|---|---|---|
| Effectifs $n_i$ | $n_1$ | $n_2$ | ... | $n_p$ |

La moyenne est $\bar{x} = \dfrac{n_1x_1 + n_2x_2 + ... + n_px_p}{N} = \dfrac{\sum_{i=1}^{p} n_ix_i}{N}$

(« $\sum$ » se lit somme).

Si au lieu de connaître la distribution des effectifs, on connaît la distribution des fréquences $f_i$, alors on a aussi :

$\bar{x} = f_1x_1 + ... + f_px_p = \sum_{i=1}^{p} f_ix_i$.

## Propriétés de la moyenne

- **Linéarité de la moyenne**

• si on multiplie toutes les valeurs $x_i$ par un même réel $a$, alors la moyenne de cette nouvelle série est $a\bar{x}$ ($\overline{ax} = a\bar{x}$) ;

• si on ajoute à toutes les valeurs $x_i$ un même réel $b$, alors la moyenne de cette nouvelle série est $\bar{x} + b$ ($\overline{x + b} = \bar{x} + b$).

- **Sous-groupes et moyennes**

Si une série d'effectif total $N$ et de moyenne $\bar{x}$ est partagée en deux sous-groupes d'effectif total respectif $N_1$ et $N_2$ et de moyenne respective $\bar{x}_1$ et $\bar{x}_2$, alors :

$\bar{x} = \dfrac{N_1\bar{x}_1 + N_2\bar{x}_2}{N}$.

## EXERCICES TYPES CORRIGÉS

**EXERCICE 1** Calculer la moyenne de la série donnée ci-dessous :

| $x_i$ | [0 ; 10[ | [10 ; 30[ | [30 ; 40[ | [40 ; 60[ |
|---|---|---|---|---|
| $n_i$ | 13 | 37 | 54 | 46 |

**EXERCICE 2** Un professeur de physique veut calculer la moyenne des mesures de résistance (en ohms) de ses 22 élèves : 8 ; 7,8 ; 7,6 ; 7,7 ; 7,9 ; 7,8 ; 8,1 ; 8 ; 7,9 ; 8,2 ; 11 ; 7,7 ; 8,1 ; 8,1 ; 8,3 ; 8 ; 8 ; 8 ; 7,9 ; 7,8 ; 7,8 ; 5.

1. Que pensez-vous des valeurs 5 et 11 ?
2. Après avoir enlevé les valeurs extrêmes, calculer la résistance moyenne $\overline{R}$ de ces 20 mesures sans calculatrice.

**EXERCICE 3** Dans un centre d'appels, il y a 300 femmes et 50 hommes. Le salaire moyen est de 1 350 € pour les femmes et de 1 560 € pour les hommes. Quel est le salaire moyen dans ce centre d'appels ?

## Corrigé

**1** Pour calculer la moyenne d'une série à caractère continu, on remplace chaque intervalle par son centre ([0 ; 10[ a pour centre 5, ...).

La moyenne est $\overline{x} = \dfrac{\mathbf{5 \times 13 + 20 \times 37 + 35 \times 54 + 50 \times 46}}{\mathbf{150}} = \mathbf{33{,}3}$.

**2** 1. Les valeurs 5 et 11 sont manifestement aberrantes. La moyenne calculée sur ces 22 valeurs n'aurait pas beaucoup de signification : il vaut mieux calculer une moyenne élaguée (*cf.* **2.**).

2. On utilise la linéarité de la moyenne en enlevant 8 à chaque valeur (toutes les valeurs sont proches de 8). On obtient ainsi une nouvelle série dont la moyenne est plus simple à calculer.

La série obtenue en enlevant 8 à chaque valeur a pour moyenne :

$$\overline{y} = \frac{-0{,}2 - 0{,}4 - 0{,}3 - 0{,}1 - 0{,}2 + 0{,}1 - 0{,}1 + 0{,}2 - 0{,}3 + 0{,}1 + 0{,}1 + 0{,}3 - 0{,}1 - 0{,}2 - 0{,}2}{20}$$

soit $\overline{y} = -\dfrac{1{,}3}{20} = -0{,}065$.

**La résistance moyenne en ohms est $\overline{R} = \overline{y} + 8 = 7{,}935$.**

**3** Le salaire moyen dans ce centre d'appels est :

$$\overline{x} = \frac{\mathbf{300 \times 1\,350 + 50 \times 1\,560}}{\mathbf{350}},$$

soit **1 380 €**.

# Utiliser la calculatrice pour déterminer des indicateurs statistiques

Fiche 49

## EXERCICE TYPE CORRIGÉ

On s'intéresse aux IMC $\left(\text{indice de masse corporelle } \dfrac{\text{poids}}{\text{taille}^2}\right)$ d'un groupe de groupe de 800 femmes. On obtient les résultats suivants :

| IMC | 19 | 20 | 21 | 22 | 23 | 24 | 25 | 26 | 27 | 28 | 29 |
|---|---|---|---|---|---|---|---|---|---|---|---|
| Effectif | 50 | 74 | 211 | 184 | 76 | 79 | 32 | 24 | 31 | 26 | 13 |

Déterminer les paramètres statistiques de la série (médiane, quartiles et moyenne) avec la calculatrice.

## Corrigé

On utilise le mode statistique de la calculatrice :

**Texas Instrument**

- Appuyer sur la touche STAT, puis dans le menu EDIT, choisir « 1 : EDIT » en appuyant sur la touche ENTER.

- Saisir les valeurs $x_i$ du caractère (IMC) dans L1 et les effectifs $n_i$ dans L2.

**Casio**

- Sélectionner le menu STAT

- Saisir les valeurs $x_i$ du caractère (IMC) dans List 1 et les effectifs $n_i$ dans List 2.

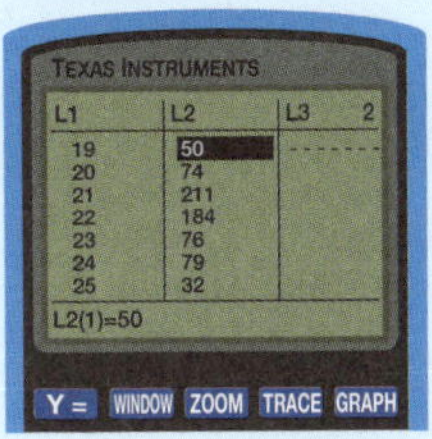


On utilise le curseur pour se déplacer dans le tableau ;

on appuie sur ENTER ou EXE après chaque saisie.

**Texas Instrument**

- Appuyer sur la touche STAT ; choisir le menu CALC avec le curseur, et dans ce menu, choisir « 1 :1-Var Stats » en appuyant sur la touche ENTER.

**Casio**

- Sélectionner CALC (F2) puis SET (F6) ; choisir List 2 pour « 1Var Freq » (par défaut, les $x_i$ sont associés à $n_i = 1$) puis appuyer sur EXE.

1-Var Stats apparaît sur l'écran de la calculatrice ; il suffit alors de saisir « L1,L2 » en appuyant sur les touches 2nd puis 1 , 2nd puis 2 et ENTER .

Sélectionner ensuite 1VAR en appuyant sur la touche F1.

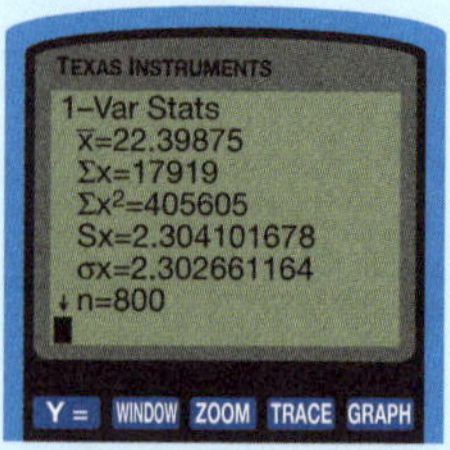

Pour visualiser l'ensemble des indicateurs, il faut utiliser le curseur.

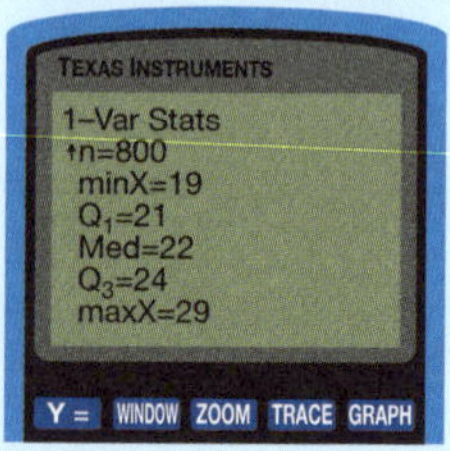


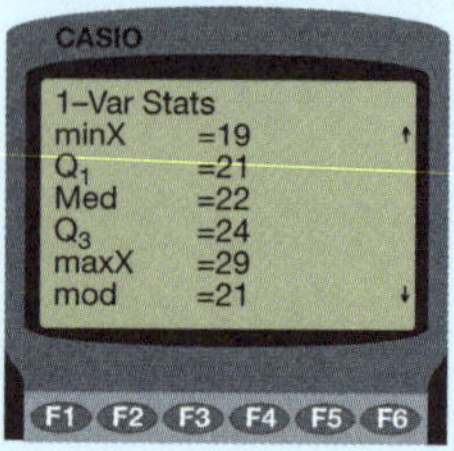


On obtient les résultats suivants :

**l'IMC moyen est $\bar{x} \approx 22{,}40$ ; en moyenne, les femmes ont un IMC de 22,4 environ ;**

**le 1er quartile est $Q_1 = 21$ : il y a au moins 25 % des femmes qui ont un IMC inférieur ou égal à 21 ;**

**la médiane est Me = 22 : il y a au moins 50 % des femmes qui ont un IMC inférieur ou égal à 22 ;**

**le 3e quartile est $Q_3 = 24$ : il y a au moins 75 % des femmes qui ont un IMC inférieur ou égal à 24.**

Pour effacer les données saisies (avant de saisir de nouvelles données),

| Texas Instrument | Casio |
|---|---|
| se mettre en mode EDIT ; placer le curseur sur le nom de la liste, appuyer sur la touche CLEAR puis sur ENTER . | revenir sur la fenêtre de saisie ; placer le curseur sur un élément de la liste à effacer, appuyer sur ▷ (*F6*) puis sur DEL A (*F4*) et enfin sur *F1*. |

# Comparer deux séries en mesurant la dispersion ; choisir le bon indicateur

Fiche 50

## LE COURS

### Mesure de la dispersion d'une série

- L'étendue d'une série statistique est la différence entre la plus grande et la plus petite valeur de la série : $e = x_{max} - x_{min}$.
- L'écart interquartile d'une série statistique est la différence entre $Q_3$ et $Q_1$ : $I = Q_3 - Q_1$.

## EXERCICES TYPES CORRIGÉS

**EXERCICE 1** Au devoir en commun de mathématiques des neuf classes de seconde du lycée Louise Michel, les 310 élèves ont obtenu les résultats suivants :

$$\begin{cases} \text{note minimale : 2} \\ \text{médiane : 7} \\ \text{moyenne : 7,8} \\ \text{note maximale : 18} \end{cases}$$

1. Quelle est l'étendue de cette série ?
2. Comment peut-on expliquer que la moyenne est supérieure à la médiane ?
3. Quel est l'indicateur qui a le plus de signification pour un élève de seconde ? Pourquoi ?
4. Quel est l'indicateur qui a le plus de signification pour un enseignant de mathématiques ?

**EXERCICE 2** On a relevé la température en sous-bois dans la forêt de Fontainebleau chaque heure pendant 4 jours. La température a été relevée de la même manière et aux mêmes instants dans un champ à l'extérieur de la forêt.

On a obtenu les résultats suivants :

Série forêt : $\begin{cases} Q_1 = 16\ °C,\ Me = 16{,}5\ °C,\ Q_3 = 18\ °C, \overline{T} = 16{,}9\ °C. \\ T_{min} = 14{,}5\ °C \text{ et } T_{max} = 19{,}5\ °C. \end{cases}$

Série champ : $\begin{cases} Q'_1 = 15\ °C,\ Me' = 23\ °C,\ Q'_3 = 28\ °C, \overline{T'} = 18{,}6\ °C. \\ T'_{min} = 13\ °C \text{ et } T'_{max} = 31\ °C. \end{cases}$

En comparant ces deux séries, expliquer quelle semble être l'influence des arbres sur la température.



à détacher Vu !

# Corrigé

**1** 1. L'étendue est $e = 18 - 2 = 16$. *A priori*, les notes sont très dispersées.

2. Le plus simple est de représenter la série en ordonnant les notes dans l'ordre croissant :

On peut penser que la première moitié des notes est proche de la médiane (sauf la note minimale, qui peut être considérée comme aberrante) et que la seconde moitié des notes est proche de la note maximale.

3. C'est la **note médiane** qui est l'indicateur le plus pertinent pour un élève : il sait ainsi comment se situer par rapport aux autres, dans la première moitié des résultats ou dans la seconde moitié.

4. C'est la **note moyenne** qui est l'indicateur le plus pertinent pour l'enseignant : il sait ainsi comment le devoir a été réussi en moyenne.

**2** Le plus simple pour comparer ces deux séries, en l'absence de représentations (type nuages de points), est de dessiner les diagrammes suivants :

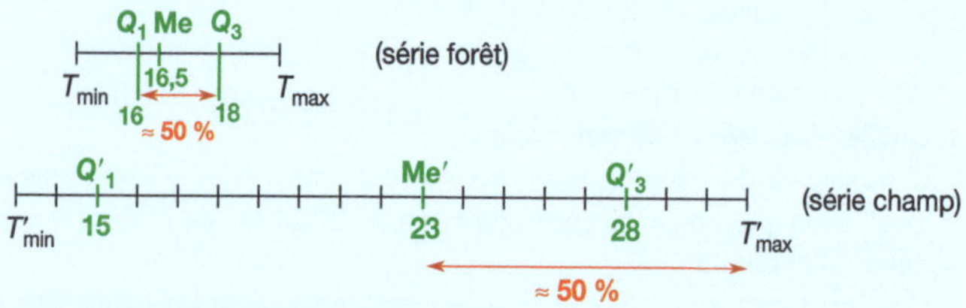


On voit que la série forêt est moins dispersée et plus froide.
L'écart interquartile de la série forêt est nettement plus faible que celui de la série champ : $I = Q_3 - Q_1 = 2$ contre $I' = 13$ ;
de même pour l'étendue : $e = T_{max} - T_{min} = 5$ contre $e' = 18$.
**La série forêt est donc plus homogène.**

De plus, au moins 50 % des températures de la forêt sont comprises entre 16 °C et 18 °C, alors qu'au moins 50 % des températures relevées dans le champ sont supérieures à 23 °C.

Ainsi, **les arbres semblent rendre la température plus homogène et plus froide.**

# Mettre en œuvre des simulations

Fiche 51

## EXERCICES TYPES CORRIGÉS

**EXERCICE 1** À l'aide de la calculatrice :

1. simuler 100 lancers d'une pièce de monnaie et donner la fréquence d'apparition de PILE ;
2. simuler 20 lancers d'un dé et donner la distribution de fréquences de chacune des six faces.

**EXERCICE 2** 1. À l'aide du tableur : simuler 100 tirages d'une boule dans une urne qui contient 3 boules rouges et 5 boules noires, puis donner la fréquence d'apparition d'une boule noire.

2. Simuler 100 naissances de trois enfants, puis donner la distribution de fréquences.

## Corrigé

**1** Pour effectuer des simulations à l'aide de la calculatrice, on utilise la fonction RANDOM qui renvoie un nombre décimal de [0 ; 1[ avec 10 chiffres après la virgule :

| Texas Instrument | Casio |
|---|---|
| Taper MATH ; sélectionner PRB et choisir 1 : Rand. | Choisir le menu RUN, puis OPTN ; sélectionner ▶, puis PROB et RAN#. |

1. Il suffit d'utiliser 10 fois RANDOM et d'interpréter chaque décimale paire comme l'apparition de PILE. On obtient :

| | | |
|---|---|---|
| 0,5291993586 | 0,2848309725 | 0,8691031114 |
| 0,2949229821 | 0,7868704330 | 0,1560831797 |
| 0,0410896424 | 0,0407030798 | 0,5615569520 |
| 0,3157538737 | | |

Certaines calculatrices n'affichent pas le (ou les) dernier(s) chiffre(s) s'il(s) vaut (valent) 0 : il faut rajouter le (ou les) « 0 » manquant(s).

**La fréquence d'apparition de PILE est 0,47.**

En effectuant une autre simulation de cette même expérience, on obtient une fréquence différente (*cf. fiche* 53).

Néanmoins, toutes les fréquences simulées sont proches de $0{,}50 = \frac{1}{2}$, car on a *a priori* une chance sur deux d'obtenir PILE.

**2.** Pour obtenir un entier aléatoire compris entre 1 et 6, on tape :
int (6 × Rand + 1) sur TI et Int (6 × Ran # + 1) sur Casio.

| Texas Instrument | Casio |
| --- | --- |
| Taper MATH ; sélectionner NUM et choisir 5 : int. | Choisir le menu RUN, puis OPTN ; sélectionner ▶, puis NUM et Int. |

On obtient : 5 ; 4 ; 2 ; 5 ; 1 ; 6 ; 2 ; 2 ; 5 ; 4 ; 6 ; 1 ; 1 ; 3 ; 2 ; 6 ; 6 ; 3 ; 4 ; 6.
D'où la distribution de fréquences :

| **Faces** | 1 | 2 | 3 | 4 | 5 | 6 |
| --- | --- | --- | --- | --- | --- | --- |
| **Fréquence** | 0,15 | 0,2 | 0,1 | 0,15 | 0,15 | 0,25 |

Les fréquences simulées sont proches de $\frac{1}{6} \approx 0,16$ : on a 1 chance sur 6 d'obtenir, par exemple, la face 4.
De façon générale, pour obtenir un entier aléatoire compris entre 1 et $n$ (entre $p$ et $n$), il suffit de taper :
Int ($n$ × rand + 1) (Int ($n + 1 - p$) × rand + $p$)

**2** Comme la fonction RANDOM pour les calculatrices, la fonction ALEA() permet d'obtenir un nombre aléatoire de [0 ; 1[.

**1.** Il suffit de générer un entier aléatoire compris entre 1 et 8 à l'aide de la formule =ENT (8 × ALEA( ) + 1). On interprétera les chiffres 1, 2, 3 comme le tirage d'une boule rouge et les chiffres 4, 5, 6, 7, 8 comme le tirage d'une boule noire.
On obtient 36 tirages de boules rouges et 64 tirages de boules noires.
**La fréquence d'apparition d'une boule noire est 0,64.**
*A priori*, on a 5 chances sur 8 de tirer une boule noire, ce qui correspond à une probabilité de $\frac{5}{8} = 0,625$, proche de 0,64.

**2.** Il suffit de générer un entier aléatoire entre 0 et 999 à l'aide de la formule =ENT (1000 × ALEA()). On interprétera chaque nombre de trois chiffres de la façon suivante : tout chiffre pair correspondra à la naissance d'une fille et tout chiffre impair à la naissance d'un garçon. Par exemple, le nombre 906 correspondra à la naissance de deux filles et d'un garçon.
On complétera éventuellement par des 0 pour obtenir un nombre de trois chiffres. Par exemple, 44 correspondra à la naissance de trois filles, de même que 0 et 42. On obtient ainsi la distribution de fréquences suivante :

| Famille | 3 filles | 2 filles et 1 garçon | 2 garçons et 1 fille | 3 garçons |
| --- | --- | --- | --- | --- |
| $f_i$ | **0,18** | **0,35** | **0,35** | **0,12** |

# Écrire des algorithmes pour faire des simulations

Fiche 52

## EXERCICES TYPES CORRIGÉS

**EXERCICE 1** On lance $n$ fois une pièce de monnaie et on s'intéresse à la fréquence d'apparition de PILE. Écrire un algorithme permettant de simuler cette expérience.

**EXERCICE 2** Une puce se déplace sur un axe gradué. À chaque saut, elle se déplace d'une unité, de façon aléatoire et avec la même chance, vers la gauche ou vers la droite.

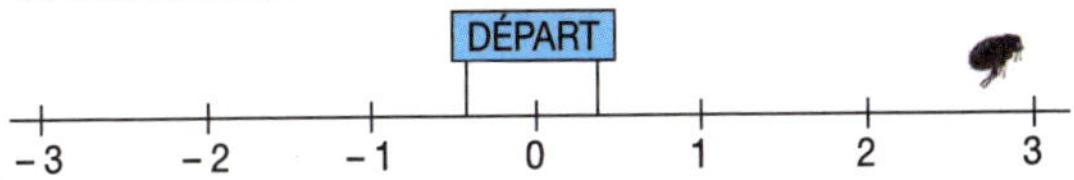


Écrire un algorithme permettant de simuler cette expérience et de donner la position d'arrivée de la puce après 30 sauts.

**EXERCICE 3** On lance un dé et on s'intéresse au nombre de lancers nécessaires pour obtenir un 6. Écrire un algorithme simulant cette expérience.

## Corrigé

**1** Instructions d'entrée : saisir $n$ ; la lire et la stocker dans la variable $n$.

Traitement : le nombre d'itérations est donné : on peut donc utiliser la boucle « pour $i$ variant de début à fin, faire ». On a besoin de la variable $x$, qui correspond au résultat du lancer de la pièce, de la variable « nombre de PILES » qui compte le nombre de fois où PILE (lorsque, par exemple, $x = 0$) est apparue, de la variable $i$, compteur qui permet de réaliser la boucle « pour… » et de la variable $f$ qui permet de calculer la fréquence d'apparition de PILE.

nombre de PILES prend la valeur 0
 Pour $i$ variant de 1 à $n$
  $x$ prend une valeur aléatoire entière comprise entre 0 et 1
   si $x = 0$
    alors nombre de PILES prend la valeur nombre de PILES +1
   Fin si
 Fin pour

```
VARIABLES
  nombre_de_piles EST_DU_TYPE NOMBRE
  i EST_DU_TYPE NOMBRE
  n EST_DU_TYPE NOMBRE
  x EST_DU_TYPE NOMBRE
  f EST_DU_TYPE NOMBRE
DEBUT_ALGORITHME
  LIRE n
  nombre_de_piles PREND_LA_VALEUR 0
  POUR i ALLANT_DE 1 A n
    DEBUT_POUR
    x PREND_LA_VALEUR ALGOBOX_ALEA_ENT(0,1)
    SI (x==0) ALORS
      DEBUT_SI
      nombre_de_piles PREND_LA_VALEUR nombre_de_piles+1
      FIN_SI
    FIN_POUR
  f PREND_LA_VALEUR nombre_de_piles/n
  AFFICHER f
FIN_ALGORITHME
```

Calculer la valeur $\dfrac{\text{nombre de PILES}}{n}$ et la stocker dans la variable $f$.

Instructions de sortie : afficher $f$.

**2** Instructions d'entrée : aucune.

Traitement : le nombre d'itérations est donné : on peut donc utiliser la boucle « pour *i* variant de début à fin, faire ». En plus de la variable *i*, compteur qui permet de réaliser la boucle « pour... », on a besoin de la variable *x* permettant de déterminer la position de la puce sur l'axe, et de la variable « chance » qui permet de savoir si la puce avance vers la gauche (si, par exemple, chance < 0,5) ou vers la droite.

```
x prend la valeur 0
chance prend la valeur 0
  Pour i variant de 1 à 30
      chance prend la valeur nombre aléatoire compris entre 0 et 1
        si chance < 0,5
          alors x prend la valeur x – 1
          sinon, x prend la valeur x + 1
        Fin si
  Fin pour
```

Instructions de sortie : afficher *x*.

**3** Instructions d'entrée : aucune.

Traitement : on ne connaît pas à l'avance le nombre d'itérations nécessaires. On ne peut pas utiliser la boucle « pour ... ».

On utilise la boucle « tant que..., faire » qui permet de tester la condition avant la boucle. On introduit alors un compteur qui est incrémenté à chaque fois que la condition est réalisée.

On a donc besoin de deux variables : la variable compteur « nombre de lancers » qui va compter le nombre de boucles utilisées ; la variable « dé » qui correspond au résultat du lancer de dé.

```
nombre de lancers prend la valeur 0
dé prend la valeur 0
  Tant que dé est différent de 6, faire
           dé prend une valeur aléatoire entière comprise entre 1 et 6
           nombre de lancers prend la valeur nombre de lancers + 1
  Fin tant que
```

Instructions de sortie : afficher nombre de lancers.

```
VARIABLES
  dé EST_DU_TYPE NOMBRE
  nombre_de_lancers EST_DU_TYPE NOMBRE
DEBUT_ALGORITHME
  nombre_de_lancers PREND_LA_VALEUR 0
  dé PREND_LA_VALEUR 0
  TANT_QUE (dé!=6) FAIRE
    DEBUT_TANT_QUE
    dé PREND_LA_VALEUR ALGOBOX_ALEA_ENT(1,6)
    nombre_de_lancers PREND_LA_VALEUR nombre_de_lancers+1
    FIN_TANT_QUE
  AFFICHER nombre_de_lancers
FIN_ALGORITHME
```

# Utiliser la fluctuation d'échantillonnage et l'intervalle de fluctuation

Fiche 53

## LE COURS

### Échantillon. Fluctuation d'échantillonnage

Un **échantillon** est un ensemble d'individus sélectionnés dans une population donnée à observer ; le nombre d'individus est la **taille** de l'échantillon.
Les distributions de fréquences varient d'un échantillon à l'autre : c'est la **fluctuation d'échantillonnage.**

### Intervalle de fluctuation

On étudie un caractère donné sur une population initiale en prélevant des échantillons de taille $n$ (ces échantillons relevant du modèle de Bernoulli, c'est-à-dire avec deux issues possibles seulement).
$p$ est la probabilité de réalisation de ce caractère dans la population (*cf. fiche* 55). Alors,

si $n \geqslant 25$ et $0{,}2 \leqslant p \leqslant 0{,}8$, environ 95 % des échantillons ont des fréquences comprises dans l'intervalle $\left[p - \frac{1}{\sqrt{n}} ; p + \frac{1}{\sqrt{n}}\right]$.

Cet intervalle *s'*appelle **intervalle de fluctuation au seuil de 95 %.**

## EXERCICES TYPES CORRIGÉS

**EXERCICE 1** En novembre 1976 dans un comté du sud du Texas, Rodrigo Partida était condamné à huit ans de prison. Il attaqua ce jugement au motif que la désignation des jurés de ce comté était discriminante à l'égard des Américains d'origine mexicaine. Alors que 79,1 % de la population de ce comté était d'origine mexicaine, sur les 870 personnes convoquées pour être jurés lors d'une certaine période de référence, il n'y eut que 339 personnes d'origine mexicaine.

1. Quelle est la fréquence $f$ des jurés d'origine mexicaine observée ?
2. Au seuil de 95 %, dans quel intervalle doit se situer cette fréquence ? Conclure.

**EXERCICE 2** Un candidat à une élection effectue un sondage pour connaître les intentions de vote. Sur les 4 807 inscrits de sa circonscription, on a réalisé un sondage auprès de 150 personnes : 68 déclarent voter pour lui. Estimer la proportion de votants pour ce candidat au 1er tour, avec un risque d'erreur de 5 %.

## Corrigé

**1** 1. **La fréquence observée est $\frac{339}{870}$, soit environ 0,39.**

2. Au seuil de 95 %, cette fréquence doit se situer dans l'intervalle $\left[p - \frac{1}{\sqrt{n}} ; p + \frac{1}{\sqrt{n}}\right]$, avec $p = 0{,}791$ et $n = 870$ (car $n \geqslant 25$ et $0{,}2 \leqslant p \leqslant 0{,}8$).

Or, $p - \frac{1}{\sqrt{n}} \approx 0{,}76$ et $p + \frac{1}{\sqrt{n}} \approx 0{,}82$.

Ainsi, **au seuil de 95 %, la fréquence doit se situer dans l'intervalle $I \approx [0{,}76 ; 0{,}82]$.**

On regarde ensuite si la fréquence réellement observée est dans l'intervalle de fluctuation : si ce n'est pas le cas, on peut rejeter l'hypothèse selon laquelle l'échantillon est aléatoire.

La fréquence observée (0,39) n'est pas dans cet intervalle : ainsi, **le hasard n'est sans doute pas responsable de la sous-représentation des jurés d'origine mexicaine** pendant cette période de référence (avec un risque d'erreur de 5 %).

Il reste à évaluer les causes de cette sous-représentation.

**2** L'approche est inverse. Il faut estimer la proportion $p$ inconnue d'un caractère donné (ici, le vote pour un candidat) à partir de fréquences observées sur un échantillon de taille $n$.

Avec un risque d'erreur de 5 %, on sait que la fréquence $f_e$ observée est telle que : $p - \frac{1}{\sqrt{n}} \leqslant f_e \leqslant p + \frac{1}{\sqrt{n}}$ (si $n \geqslant 25$ et $0{,}2 \leqslant p \leqslant 0{,}8$)

$\Leftrightarrow -\frac{1}{\sqrt{n}} \leqslant f_e - p \leqslant \frac{1}{\sqrt{n}}$

$\Leftrightarrow -f_e - \frac{1}{\sqrt{n}} \leqslant -p \leqslant -f_e + \frac{1}{\sqrt{n}}$

$\Leftrightarrow f_e + \frac{1}{\sqrt{n}} \geqslant p \geqslant f_e - \frac{1}{\sqrt{n}}$

$\Leftrightarrow f_e - \frac{1}{\sqrt{n}} \leqslant p \leqslant f_e + \frac{1}{\sqrt{n}}$.

On calcule donc d'abord $f_e$, puis $f_e - \frac{1}{\sqrt{n}}$ et $f_e + \frac{1}{\sqrt{n}}$ :

L'échantillon du sondage est de taille $n = 150$ ; pour cet échantillon, on observe que la fréquence des votants pour le candidat est :

$f_e = \frac{68}{150} \approx 0{,}45$ ($0{,}2 \leqslant f_e \leqslant 0{,}8$ et $n \geqslant 25$).

Or, $f_e - \frac{1}{\sqrt{n}} \approx 0{,}45 - \frac{1}{\sqrt{150}} \approx 0{,}37$ et $f_e + \frac{1}{\sqrt{n}} \approx 0{,}45 + \frac{1}{\sqrt{150}} \approx 0{,}53$.

**Ainsi, on peut estimer que ce candidat recueillerait, avec un risque d'erreur de 5 %, entre 37 % des voix et 53 % des voix.**

# Modéliser une expérience aléatoire

Fiche **54**

## LE COURS

### Expérience aléatoire, issues, univers

Une **expérience** est dite **aléatoire** lorsqu'on ne peut pas en prévoir avec certitude le résultat.
On appelle **issue** d'une expérience aléatoire tout résultat possible de cette expérience.
L'ensemble de tous les résultats possibles d'une expérience aléatoire *s*'appelle l'**univers** U.

### Loi de probabilité, modélisation d'une expérience aléatoire

Définir une loi de probabilité sur un univers U, c'est associer à chaque issue de l'expérience (notée $x_i$) un nombre positif compris entre 0 et 1 (noté $p_i$) tel que $p_1 + p_2 + ... + p_n = 1$.
Modéliser une expérience aléatoire, c'est lui associer une loi de probabilité telle que chaque $p_i$ représente les chances de réalisation de l'issue $x_i$.

## EXERCICE TYPE CORRIGÉ

On lance deux dés tétraédriques (4 faces numérotées de 1 à 4) parfaitement équilibrés et on s'intéresse à la somme des deux numéros obtenus. On souhaite modéliser cette expérience par l'un des modèles suivants :

1er modèle

| $x_i$ | 2 | 3 | 4 | 5 | 6 | 7 | 8 |
|---|---|---|---|---|---|---|---|
| $p_i$ | $\frac{1}{7}$ | $\frac{1}{7}$ | $\frac{1}{7}$ | $\frac{1}{7}$ | $\frac{1}{7}$ | $\frac{1}{7}$ | $\frac{1}{7}$ |

2e modèle

| $x_i$ | 2 | 3 | 4 | 5 | 6 | 7 | 8 |
|---|---|---|---|---|---|---|---|
| $p_i$ | $\frac{1}{16}$ | $\frac{1}{8}$ | $\frac{3}{16}$ | $\frac{1}{4}$ | $\frac{3}{16}$ | $\frac{1}{8}$ | $\frac{1}{16}$ |



à détacher Vu !

Pour cela, on simule cette expérience (*cf. fiche* 51) avec EXCEL et on obtient la distribution des fréquences suivantes :

| $x_i$ | 2 | 3 | 4 | 5 | 6 | 7 | 8 |
|---|---|---|---|---|---|---|---|
| **Fréquence** | 0,066 | 0,119 | 0,176 | 0,252 | 0,189 | 0,129 | 0,069 |

1. Quel est le modèle qui paraît le plus approprié ?
2. Remplir le tableau suivant et en déduire le bon modèle :

| Dé 2 \ Dé 1 | 1 | 2 | 3 | 4 |
|---|---|---|---|---|
| **1** | | | | |
| **2** | | | | |
| **3** | | | | |
| **4** | | | | |

## Corrigé

**1.** Les fréquences observées ne sont pas les mêmes pour chaque issue ; de plus, $\frac{1}{16} = 0{,}0625$ (proche de 0,066 et de 0,069), $\frac{1}{8} = 0{,}125$ (proche de 0,119 et de 0,129), $\frac{3}{16} = 0{,}1875$ et $\frac{1}{4} = 0{,}25$.

**C'est le 2e modèle qui paraît le plus approprié.**

**2.** On écrit dans chaque case la somme des numéros des deux faces :

| Dé 2 \ Dé 1 | 1 | 2 | 3 | 4 |
|---|---|---|---|---|
| **1** | 2 | 3 | 4 | 5 |
| **2** | 3 | 4 | 5 | 6 |
| **3** | 4 | 5 | 6 | 7 |
| **4** | 5 | 6 | 7 | 8 |

Il y a équiprobabilité, donc $p(A) = \dfrac{\text{nombre de cas favorables à } A}{\text{nombre de cas total}}$ (*cf. fiche* 55).

Ainsi, $p(2) = \frac{1}{16}$, $p(3) = \frac{2}{16} = \frac{1}{8}$, $p(4) = \frac{3}{16}$, $p(5) = \frac{4}{16} = \frac{1}{4}$, $p(6) = \frac{3}{16}$, $p(7) = \frac{2}{16} = \frac{1}{8}$ et $p(8) = \frac{1}{16}$.

**C'est bien le 2e modèle qui convient.**

① Il n'y a pas équiprobabilité sur les 7 résultats possibles de la somme obtenue, mais sur les 16 résultats des tirages {(1,1) ; (1,2) ; … ; (4,4)}.

② Si on simule *n* lancers de dés, plus *n* devient grand, plus la distribution des fréquences se rapproche de la loi de probabilité de cette expérience. Cette propriété permet d'approcher une loi de probabilité quand on ne sait pas la déterminer *a priori*.

# Évaluer des probabilités en cas d'équiprobabilité

Fiche **55**

## LE COURS

On considère une expérience aléatoire donnée pour laquelle on a défini un univers U et une loi de probabilité.

### Événement A

Un **événement** A est un sous-ensemble de l'univers U. On a $A \subset U$. Une issue $x$ réalise A (ou est favorable à A) lorsque $x$ est un élément de A. On a $x \in A$.

### Probabilité d'un événement

La probabilité de l'événement A est la somme des probabilités des issues qui réalisent A. On la note $p(A)$. On a $0 \leqslant p(A) \leqslant 1$.

### Équiprobabilité

Lorsque chaque issue a la même probabilité d'être réalisée, il *y* a équiprobabilité. Alors, pour tout événement A, on a :

$$p(A) = \frac{\text{nombre de cas favorables à A}}{\text{nombre de cas possibles}}.$$

## EXERCICES TYPES CORRIGÉS

**EXERCICE 1** Une urne contient 6 boules noires, 9 boules blanches, 8 boules rouges indiscernables au toucher. On tire au hasard une boule de l'urne. Déterminer la probabilité d'obtenir une boule rouge.

**EXERCICE 2** On jette $n$ fois de suite une pièce de monnaie parfaitement équilibrée. On note P (F) l'événement : « on obtient Pile (Face) ».

1. $n = 2$. Calculer la probabilité de l'événement A : « on obtient exactement une fois pile sur les 2 lancers ».
2. $n = 3$. Calculer la probabilité de l'événement B : « on obtient exactement une fois pile sur les 3 lancers ».

### Corrigé

**1** L'ensemble des issues possibles est {la boule tirée est noire (N) ; la boule tirée est blanche (B) ; la boule tirée est rouge (R)}. Comme les boules sont indiscernables au toucher et qu'elles sont tirées au hasard, il *y* a équiprobabilité sur l'ensemble des 23 tirages (et non sur les 3 couleurs).



à détacher Vu !

Il y a équiprobabilité des tirages. On a donc :

$$p(\text{R}) = \frac{\text{nombre de cas favorables à R}}{\text{nombre de cas possibles}} = \frac{\text{nombre de boules rouges}}{\text{nombre total de boules}},$$

soit $\boldsymbol{p(\text{R}) = \frac{8}{23}}$ **: la probabilité d'obtenir une boule rouge est** $\boldsymbol{\frac{8}{23}}$.

Toujours vérifier que la probabilité calculée est comprise entre 0 et 1.

**2** **1.** Pour calculer cette probabilité, on cherche d'abord à décrire l'ensemble des issues possibles. Pour cela, on peut utiliser un tableau à double entrée ou un arbre. On choisit généralement le tableau lorsque l'expérience se déroule en 2 étapes (lancer de 2 dés, tirage de 2 boules,...) et l'arbre lorsqu'il y a trois et plus étapes.

| 1er lancer / 2e lancer | P | F |
|---|---|---|
| P | (P,P) | (F,P) |
| F | (P,F) | (F,F) |

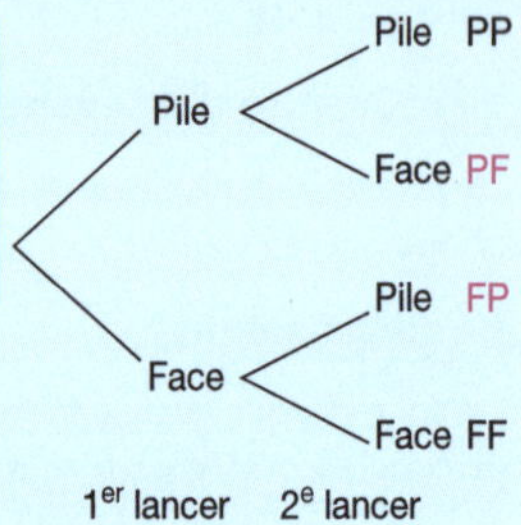


Il y a équiprobabilité des tirages, donc :

$$p(\text{A}) = \frac{\text{nombre de cas favorables à A}}{\text{nombre de cas possibles}}.$$

Soit $\boldsymbol{p(\text{A}) = \frac{2}{4} = \frac{1}{2}}$ **: la probabilité d'obtenir exactement une fois pile sur les 2 lancers est** $\boldsymbol{\frac{1}{2}}$.

**2.** Ici, comme l'expérience se déroule en 3 étapes, on décrit l'ensemble des issues possibles avec un arbre :

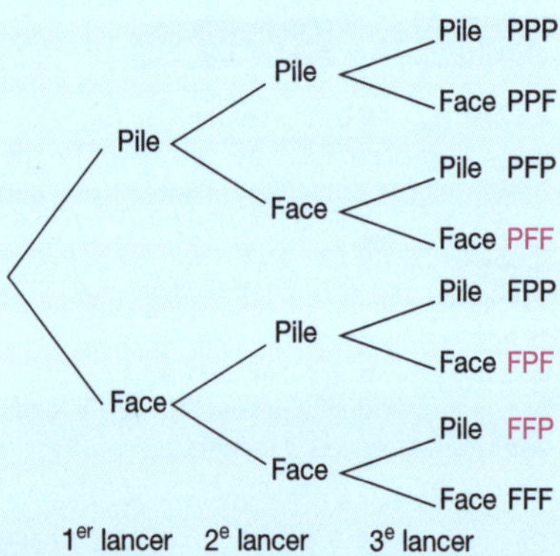


Il y a équiprobabilité des tirages, donc :

$$p(\text{B}) = \frac{\text{nombre de cas favorables à B}}{\text{nombre de cas possibles}} = \frac{3}{8}.$$

**La probabilité d'obtenir exactement une fois pile est 0,375.**

# Utiliser les propriétés sur les probabilités

Fiche 56

## LE COURS

### Intersection et réunion de deux événements A et B

L'**intersection** des événements A et B, notée **A ∩ B**, est l'ensemble des issues qui sont dans A **et** dans B.
On a $x \in A \cap B$ **signifie** $x \in A$ **et** $x \in B$.

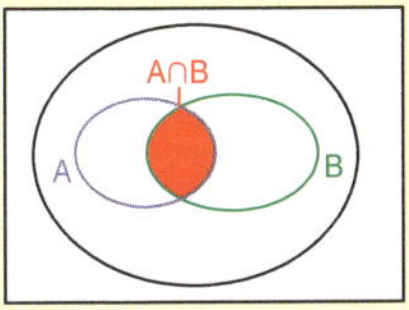


La **réunion** des événements A et B, notée **A ∪ B**, est l'ensemble des issues qui sont dans A **ou** dans B.
On a $x \in A \cup B$ **signifie** $x \in A$ **ou** $x \in B$.

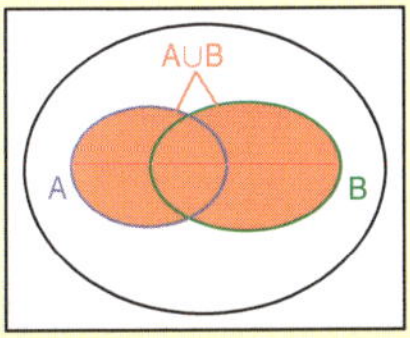


Pour tout événement *A* et B, on a :

$$p(A \cup B) = p(A) + p(B) - p(A \cap B).$$

### Événement contraire d'un événement A

**L'événement contraire** à A, noté $\overline{A}$, est l'ensemble des issues qui ne sont pas dans A.

Pour tout événement A, on a :

$$p(\overline{A}) = 1 - p(A).$$

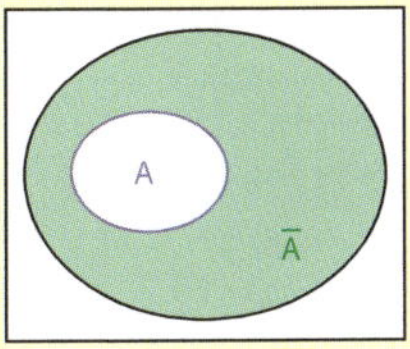


## EXERCICES TYPES CORRIGÉS

**EXERCICE 1** On sait que 35 % des lycéens pratiquent le cyclisme (sport A), que 25 % des lycéens pratiquent le tennis (sport B), et que 15 % pratiquent les deux sports (A et B). On interroge au hasard un lycéen. En assimilant les probabilités aux fréquences observées :
1. quelle est la probabilité pour qu'il pratique un sport ?
2. quelle est la probabilité pour qu'il pratique ni A ni B ?

**EXERCICE 2** En observant chaque mois les fréquences d'interventions de l'équipe de maintenance d'une société informatique, il a été établi que leur nombre suivait la loi de probabilité ci-après :

| Nombre d'interventions/mois | 0 | 1 | 2 | 3 | 4 | 5 | 6 |
|---|---|---|---|---|---|---|---|
| **Probabilité** | 0,03 | 0,17 | 0,38 | 0,22 | 0,1 | 0,09 | 0,01 |

Quelle est la probabilité pour que l'équipe de maintenance intervienne au plus 4 fois dans le mois (événement A) ?

# Corrigé

**1** **1.** Comme toujours, pour calculer une probabilité, on cherche à décrire l'ensemble U des issues possibles. Ici, l'expérience se déroule en une seule étape et on ne connaît pas les nombres d'élèves concernés : on choisit donc de décrire U par un diagramme.

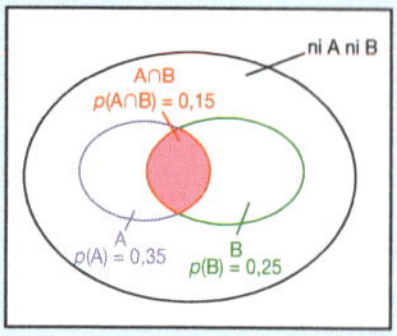


On traduit l'énoncé en terme de probabilités et d'événements : par exemple, « ou » se traduit par ∪, « et » se traduit par ∩, les phrases négatives ou les expressions du type « au plus/au moins » conduisent à considérer l'événement contraire.

D'après l'énoncé, $p(A) = 0,35$, $p(B) = 0,25$ et $p(A \cap B) = 0,15$.

Pratiquer un sport, c'est A ou B (événement $A \cup B$).

On cherche $p(A \cup B) = p(A) + p(B) - p(A \cap B)$,

soit $p(A \cup B) = 0,35 + 0,25 - 0,15 = 0,45$.

**La probabilité pour que le lycéen pratique un sport est de 0,45.**

**2.** On cherche $p(\overline{A} \cap \overline{B})$. Or $\overline{A} \cap \overline{B}$ est l'événement contraire de $A \cup B$ (*cf.* diagramme). Ainsi, $p(\overline{A} \cap \overline{B}) = 1 - p(A \cup B)$.

On cherche $p(\overline{A} \cap \overline{B}) = 1 - p(A \cup B) = 1 - 0,45 = 0,55$.

**La probabilité pour que le lycéen pratique ni A ni B est de 0,55.**

**2** La présence de l'expression « au plus » nous incite à considérer l'événement contraire $\overline{A}$.

En effet, l'événement A est réalisé pour les 5 issues {0 ; 1 ; 2 ; 3 ; 4}, alors que $\overline{A}$ n'est réalisé que pour les 2 issues {5 ; 6}. Il est donc plus simple de calculer $p(\overline{A})$ et d'en déduire $p(A)$.

On considère l'événement $\overline{A}$ : « l'équipe intervient au moins 5 fois dans le mois » qui est réalisé par les issues {5 ; 6}.

Alors $p(\overline{A}) = p(5) + p(6) = 0,09 + 0,01 = 0,1$.

Et $p(A) = 1 - p(\overline{A}) = 1 - 0,1 = 0,9$.

**La probabilité pour que l'équipe de maintenance intervienne au plus 4 fois dans le mois est de 0,9.**

On peut vérifier en calculant directement $p(A)$ :

$p(A) = p(0) + p(1) + p(2) + p(3) + p(4)$

et $p(A) = 0,03 + 0,17 + 0,38 + 0,22 + 0,1 = 0,9$.

# Identifier hypothèses et conclusion ; distinguer un théorème de sa réciproque

Fiche 57

## LE COURS

- **Hypothèses** : ce sont les données du problème, ce que l'on sait (précédées de « soit », « si », « sachant que », « dans la figure, on a... »).

- **Conclusion** : ce que l'on veut montrer (précédée de « montrer que », « alors », « donc », « déterminer », ...).

- **Implication directe et réciproque**

• Un théorème *s*'énonce généralement sous la forme :
Si Ⓗ est vraie, alors © est vraie (Ⓗ ⇒ ©).

• Dans certains cas, le théorème réciproque se vérifie aussi :
Si © est vraie, alors Ⓗ est vraie.
Dans ces cas-là, on dit que Ⓗ et © sont équivalentes ou que Ⓗ si, et seulement si, © (Ⓗ ⇔ ©).

## EXERCICE TYPE CORRIGÉ

Dans chacun des cas ci-dessous, énoncer l'implication sous la forme : « si Ⓗ est vraie, alors © est vraie » ; préciser si la réciproque se vérifie et si Ⓗ est équivalente à © .

| | Proposition ① | Proposition ② |
|---|---|---|
| **1.** | $x^2 = 9$ | $x = 3$ |
| **2.** | $x^2 \geqslant 4$ | $x \geqslant 2$ |
| **3.** | $x \geqslant 1$ | $\frac{1}{x} \leqslant 1$ |
| **4.** | $x^2 \geqslant x$ | $x \geqslant 1$ |
| **5.** | $AB^2 + AC^2 = BC^2$ | $ABC$ rectangle en $A$ |
| **6.** | $I$ milieu de $[AB]$ | $AI = IB$ |
| **7.** | $\overrightarrow{AB} = 3\,\overrightarrow{AC}$ | Les points $A$, $B$, $C$ sont alignés |

# Corrigé

**1.** Si $x = 3$, alors $x^2 = 9$.
La réciproque (« si $x^2 = 9$, alors $x = 3$ ») est fausse :
si $x^2 = 9$, alors $x = 3$ ou $x = -3$
(les solutions de l'équation $x^2 = 9$ sont $S = \{-3\,;\,3\}$ : *cf. fiche* 11).

**2.** Si $x \geqslant 2 > 0$, alors $x^2 \geqslant 4$ (car $x \mapsto x^2$ est croissante sur $[0\,;+\infty[$).
La réciproque (« si $x^2 \geqslant 4$, alors $x \geqslant 2$ ») est fausse :
si $x^2 \geqslant 4$, alors $x \geqslant 2$ ou $x \leqslant -2$
(les solutions de l'inéquation $x^2 \geqslant 4$, soit de $x^2 - 4 \geqslant 0$ et $(x+2)(x-2) \geqslant 0$, sont $S = ]-\infty\,;-2] \cup [2\,;+\infty[$ : *cf.* fiche 14).

**3.** Si $x \geqslant 1 > 0$, alors $\dfrac{1}{x} \leqslant \dfrac{1}{1}$ (car $x \mapsto \dfrac{1}{x}$ est décroissante sur $]0\,;+\infty[$).
La réciproque $\left(\text{« si } \dfrac{1}{x} \leqslant 1, \text{ alors } x \geqslant 1 \text{ »}\right)$ est fausse :
si $\dfrac{1}{x} \leqslant 1$, alors $x \geqslant 1$ ou $x < 0$
(les solutions de l'inéquation $\dfrac{1}{x} \leqslant 1$, soit de $\dfrac{1}{x} - 1 \leqslant 0$ et $\dfrac{1-x}{x} \leqslant 0$, sont $S = ]-\infty\,;0[ \cup [1\,;+\infty[$ : *cf. fiche* 15).

**4.** Si $x \geqslant 1$, alors $x \times x \geqslant 1 \times x$ (car $x > 0$)
soit $x^2 \geqslant x$.
La réciproque (« si $x^2 \geqslant x$, alors $x \geqslant 1$ ») est fausse :
si $x^2 \geqslant x$, alors $x \geqslant 1$ ou $x \leqslant 0$
(les solutions de l'inéquation $x^2 \geqslant x$, soit de $x^2 - x \geqslant 0$ et $x(x-1) \geqslant 0$, sont $S = ]-\infty\,;0] \cup [1\,;+\infty[$ : *cf. fiche* 14).

**5.** Si $ABC$ est rectangle en $A$, alors $AB^2 + AC^2 = BC^2$ (Pythagore).
Si $AB^2 + AC^2 = BC^2$, alors $ABC$ est rectangle en $A$ (réciproque de Pythagore) : les deux propositions sont équivalentes.

**6.** Si $I$ est le milieu de $[AB]$, alors $AI = IB$.
La proposition réciproque (« si $AI = IB$, alors $I$ est le milieu de $[AB]$ ») est fausse :
Si $AI = IB$, alors $I$ est situé sur la médiatrice de $[AB]$.

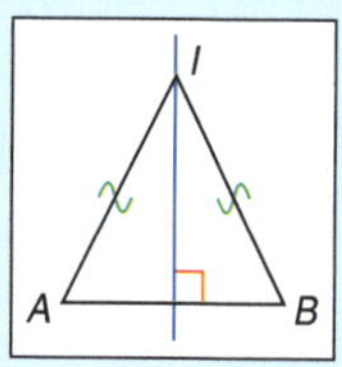


**7.** Si $\overrightarrow{AB} = 3\overrightarrow{AC}$, alors $\overrightarrow{AB}$ et $\overrightarrow{AC}$ sont colinéaires et les points $A$, $B$, $C$ sont alignés (*cf. fiche* 30).

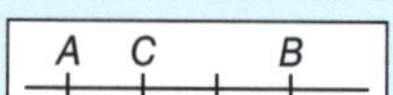


La réciproque (« si les points $A$, $B$, $C$ sont alignés, alors $\overrightarrow{AB} = 3\overrightarrow{AC}$ ») est fausse.
Si les points $A$, $B$, $C$ sont alignés, alors il existe un réel $k \neq 0$ tel que $\overrightarrow{AB} = k\,\overrightarrow{AC}$, mais $k$ n'est pas nécessairement égal à 3. Par exemple :

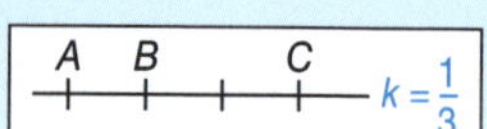

# Différencier « et » de « ou ». Formuler la négation d'une propriété et sa contraposée

Fiche 58

## LE COURS

### Les connecteurs logiques « ET » et « OU »

- Le mot « ET » en mathématiques signifie « à la fois ».

Par exemple, la proposition « 3, 5, 7 sont des entiers premiers et inférieurs à 10 » est vraie, car « les entiers 3, 5, 7 sont premiers » et « les entiers 3, 5, 7 sont inférieurs à 10 ».

Mais la proposition « 3, 5, 7, 9 sont des entiers premiers et inférieurs à 10 » est fausse, car « les entiers « 3, 5, 7, 9 ne sont pas premiers » (9 n'est pas premier).

- Le mot « OU » en mathématiques signifie « soit l'un, soit l'autre, soit les deux à la fois ».

Par exemple, la proposition « 3, 5, 7, 9 sont des entiers premiers ou inférieurs à 10 » est vraie, car « les entiers « 3, 5, 7, 9 sont inférieurs à 10 » (même si la première proposition « 3, 5, 7, 9 sont des entiers premiers » est fausse).

## EXERCICES TYPES CORRIGÉS

**EXERCICE 1** Pour chacune des propositions ci-dessous, écrire la négation de cette proposition :

1. $x \geqslant 2$ et $x < 5$.
2. Toute fonction polynôme de degré 2 admet deux racines sur $\mathbb{R}$.
3. Si *ABCD* est un parallélogramme, alors $(AB)//(CD)$.
4. Si $x^2 = 9$, alors $x = 3$ ou $x = -3$.

**EXERCICE 2** Pour chacune des implications ci-dessous, écrire la contraposée :

1. Si $x \geqslant 1$, alors $x^2 \geqslant x$.
2. Si $(d_1)$ et $(d_2)$ sont coplanaires, alors $(d_1)$ et $(d_2)$ sont parallèles ou sécantes.
3. Si $f$ est croissante sur $[0 ; 2]$, alors $f(0) \leqslant f(2)$.

## Corrigé

**1** La négation d'une proposition *P* est la proposition non *P* qui est fausse si *P* est vraie ou vraie si *P* est fausse. Ainsi :
la négation de « A et B » est « non A ou non B » ;
la négation de « A ou B » est « non A et non B » ;
la négation de l'implication « si A, alors B » est « A et non B ».

**1.** La négation de « $x \geqslant 2$ et $x < 5$ » est **« $x < 2$ ou $x \geqslant 5$ ».**

**2.** La négation de « toute fonction polynôme de degré 2 admet deux racines sur $\mathbb{R}$ » est **« il existe une fonction polynôme de degré 2 qui n'admet pas deux racines sur $\mathbb{R}$ ».**
Cette négation est manifestement vraie : il suffit de considérer la fonction $f$ définie par $f(x) = x^2$ qui n'admet qu'une seule racine sur $\mathbb{R}$, 0. De même, la fonction $h$ définie par $h(x) = x^2 + 1$ n'admet pas de racine sur $\mathbb{R}$ (pour tout réel $x$, $x^2 \geqslant 0$ donc $x^2 + 1 \geqslant 1 > 0$ et $x^2 + 1 \neq 0$).
La proposition initiale est donc fausse.

**3.** La négation de « si *ABCD* est un parallélogramme, alors $(AB)//(CD)$ » est **« *ABCD* est un parallélogramme et $(AB)$ et $(CD)$ sont sécantes ».**
Cette négation est manifestement fausse.

**4.** La négation de « si $x^2 = 9$, alors $x = 3$ ou $x = -3$ » est **« $x^2 = 9$ et $x \neq 3$ et $x \neq -3$ ».**
Cette négation est manifestement fausse.

**2** La contraposée de l'implication « si A, alors B » est « si non B, alors non A ».
Ces deux implications sont équivalentes : montrer l'une, c'est montrer l'autre (*cf. fiche* 59).

**1.** La contraposée de « si $x \geqslant 1$, alors $x^2 \geqslant x$ » est **« si $x^2 < x$, alors $x < 1$ ».**
Cette implication contraposée est vraie, car l'implication initiale est manifestement vraie ;
si $x \geqslant 1$
alors $x^2 \geqslant x$ $\quad \times x > 0$
Attention à ne pas confondre la contraposée d'une implication et l'implication réciproque.
Ici, l'implication réciproque de « si $x \geqslant 1$, alors $x^2 \geqslant x$ » est « si $x^2 \geqslant x$, alors $x \geqslant 1$ » qui est fausse (*cf. fiche* 57).

**2.** La contraposée de « si $(d_1)$ et $(d_2)$ sont coplanaires, alors $(d_1)$ et $(d_2)$ sont parallèles ou sécantes » est **« si $(d_1)$ et $(d_2)$ sont non parallèles et non sécantes, alors $(d_1)$ et $(d_2)$ sont non coplanaires ».**
Cette implication contraposée est vraie, car l'implication initiale est vraie (*cf. fiche* 41).

**3.** La contraposée de « si $f$ est croissante sur $[0\,;2]$, alors $f(0) \leqslant f(2)$ » est **« si $f(0) > f(2)$, alors $f$ n'est pas croissante sur $[0\,;2]$ ».**
Cette implication contraposée est vraie, car l'implication initiale est vraie (*cf. fiche* 5).
Attention, $f$ n'est pas croissante ne signifie pas $f$ décroissante (*cf. fiche* 60).

# Raisonner par l'absurde, par contraposée, par disjonction des cas

## EXERCICES TYPES CORRIGÉS

**EXERCICE 1** Démontrer par l'absurde que l'équation $x^2 + 1 = 0$ n'admet pas de solution sur $\mathbb{R}$.

**EXERCICE 2** Soient $a$ et $b$ deux réels quelconques. Démontrer que : si $ab \neq 0$, alors $a \neq 0$ et $b \neq 0$.

**EXERCICE 3** On appelle valeur absolue d'un réel $x$, le réel noté $|x|$ défini par :

$$\begin{cases} \text{si } x \geqslant 0, \text{ alors } |x| = x \\ \text{si } x < 0, \text{ alors } |x| = -x. \end{cases}$$

Ainsi, par exemple, $|2| = 2$ et $|-5| = 5$.

Montrer que, pour tout réel $x \neq 0$ et $y \neq 0$, on a :

$$|x \times y| = |x| \times |y|.$$

## Corrigé

**1** Il est souvent difficile de montrer directement qu'un objet n'existe pas. Le plus simple, c'est de supposer qu'il existe et de montrer qu'on arrive à une contradiction. Ce type de raisonnement est un raisonnement par l'absurde.

Supposons, pour cela, que l'équation $x^2 + 1 = 0$ admet une solution $a$ réelle.

Alors $a$ est tel que :

$$a^2 + 1 = 0$$

$$a^2 = -1.$$

Or, un carré est toujours positif ou nul, donc $a^2 \geqslant 0$ . De plus, $-1 < 0$.

L'égalité $a^2 = -1$ est donc impossible (un nombre positif ou nul ne peut pas être égal à un nombre strictement négatif !).

Ainsi, l'équation $x^2 + 1 = 0$ n'admet pas de solution réelle.

De façon générale, pour démontrer une propriété A par l'absurde, on suppose non A (*cf. fiche* 58) et on montre que l'on arrive à une impossibilité. Ce type de raisonnement est particulièrement adapté pour montrer qu'il *n'*existe pas de plan contenant tels points dans l'espace (points ou droites non coplanaires, *cf. fiche* 39), qu'il *n'*existe pas de solution à une équation/inéquation, plus généralement qu'un ensemble donné est vide.

**2** À nouveau, il est souvent difficile de montrer qu'un réel est non nul. D'où l'idée de raisonner par l'absurde ou par contraposée en supposant la négation de la propriété « $a \neq 0$ et $b \neq 0$ ».

Soit on aboutit à une impossibilité (raisonnement par l'absurde), soit on aboutit à la négation de la propriété $ab \neq 0$ (raisonnement par contraposée).

Pour montrer cette implication (du type « A $\Rightarrow$ B »), on suppose non B, c'est-à-dire on suppose $a = 0$ ou $b = 0$ (*cf. fiche* 58).
Alors, il est évident que $a \times b = 0$.
On aboutit à la négation de la proposition initiale « $ab \neq 0$ » (on a montré « non B $\Rightarrow$ non A »).
Ainsi, par contraposée, on a bien montré que, si $ab \neq 0$, alors $a \neq 0$ et $b \neq 0$ (une implication et sa contraposée sont équivalentes).
Attention à ne pas confondre raisonnement par contraposée et raisonnement par l'absurde.
Ici, on aurait pu supposer $a = 0$ ou $b = 0$ pour en déduire $ab = 0$ et conclure à une contradiction avec l'hypothèse $ab \neq 0$.
Comme on n'utilise l'hypothèse que pour être en contradiction avec le résultat obtenu, on considère qu'il s'agit d'un raisonnement par contraposée et non d'un raisonnement par l'absurde.

**3** Comme la valeur absolue est définie en différenciant deux cas ($x \geqslant 0$ et $x < 0$), on a l'idée de raisonner par disjonction des cas.

On raisonne en différenciant tous les cas possibles :

<u>1er cas : $x > 0$ et $y > 0$</u> : alors,
$|x| = x$, $|y| = y$ et $|x| \times |y| = xy$ ;
de plus, $x \times y > 0$ donc $|x \times y| = xy$.
Ainsi, $|\boldsymbol{x} \times \boldsymbol{y}| = |\boldsymbol{x}| \times |\boldsymbol{y}|$ (= $xy$).

<u>2e cas : $x > 0$ et $y < 0$</u> : alors,
$|x| = x$, $|y| = -y$ et $|x| \times |y| = -xy$ ;
de plus, $x \times y < 0$ donc $|x \times y| = -xy$.
Ainsi, $|\boldsymbol{x} \times \boldsymbol{y}| = |\boldsymbol{x}| \times |\boldsymbol{y}|$ (= $-xy$).

<u>3e cas : $x < 0$ et $y > 0$</u> : alors,
$|x| = -x$, $|y| = y$ et $|x| \times |y| = -xy$ ;
de plus, $x \times y < 0$ donc $|x \times y| = -xy$.
Ainsi, $|\boldsymbol{x} \times \boldsymbol{y}| = |\boldsymbol{x}| \times |\boldsymbol{y}|$ (= $-xy$).

<u>4e cas : $x < 0$ et $y < 0$</u> : alors,
$|x| = -x$, $|y| = -y$ et $|x| \times |y| = xy$ ;
de plus, $x \times y > 0$ donc $|x \times y| = xy$.
Ainsi, $|\boldsymbol{x} \times \boldsymbol{y}| = |\boldsymbol{x}| \times |\boldsymbol{y}|$ (= $xy$).

Ainsi, pour tout réel $x \neq 0$ et $y \neq 0$, on a bien $|\boldsymbol{x} \times \boldsymbol{y}| = |\boldsymbol{x}| \times |\boldsymbol{y}|$.

Il est clair que l'égalité reste vraie si $x = 0$ ou $y = 0$ ($|x \times y| = |0| = 0$ et $|x| \times |y| = 0$).
Ainsi, on a, pour tout réel $x$ et $y$ : $|x \times y| = |x| \times |y|$.

# Utiliser les contre-exemples

Fiche 60

## EXERCICE TYPE CORRIGÉ

Indiquer pour chacune des propositions ci-dessous si elles sont vraies ou fausses. Justifier.

1. La solution de l'équation $-\frac{4}{3}x = 0$ est $\frac{4}{3}$.
2. Si $x^2 \geqslant 4$, alors $x \geqslant 2$.
3. Si $(x + 5)(2x - 1) \geqslant 0$, alors $x + 5 \geqslant 0$ ou $2x - 1 \geqslant 0$.
4. Soit $f$ une fonction définie sur $\mathbb{R}$ :

a. si $f(0) \leqslant f(2)$, alors $f$ est croissante sur $[0 ; 2]$ ;

b. si, pour tout $x \in \mathbb{R}$, $f(x) \geqslant -1$, alors $-1$ est le minimum de $f$ sur $\mathbb{R}$ ;

c. si $f$ n'est pas croissante sur $\mathbb{R}$, alors $f$ est décroissante sur $\mathbb{R}$.

5. Si $\overrightarrow{AC} = 3\overrightarrow{AB}$, alors $\overrightarrow{BC} = 2\overrightarrow{AB}$.
6. Si $\overrightarrow{AB}$ et $\overrightarrow{CD}$ sont colinéaires, alors $ABDC$ est un parallélogramme.
7. Deux droites de l'espace situées dans deux plans parallèles sont parallèles entre elles.

## Corrigé

Pour justifier un Vrai/Faux, on procède de la façon suivante :

• si la proposition est vraie, on la montre à l'aide d'une définition, d'un théorème connu ou d'un calcul ;

• si la proposition est fausse, il suffit de donner un contre-exemple ou de corriger en expliquant la démarche.

1. **Faux :** l'égalité n'est pas vérifiée pour $x = \frac{4}{3}$ : $-\frac{4}{3} \times \frac{4}{3} = -\frac{16}{9} \neq 0$.

La solution de $-\frac{4}{3}x = 0$ est $x = \dfrac{0}{-\frac{4}{3}} = 0$.

2. **Faux :** $(-3)^2 = 9$ donc $(-3)^2 \geqslant 4$, mais $-3 < 2$.

Si $x^2 \geqslant 4$, alors $x \leqslant -2$ ou $x \geqslant 2$ (*cf. fiche* 57).

3. **Faux :** $(-6 + 5)(2(-6) - 1) = 13$, donc $(-6 + 5)(2(-6) - 1) \geqslant 0$, mais $-6 + 5 < 0$ et $2(-6) - 1 < 0$.

Il suffit de résoudre l'inéquation $(x + 5)(2x - 1) \geqslant 0$ (*cf. fiche* 14) avec un tableau de signes : $S = ]-\infty ; -5] \cup \left[\frac{1}{2} ; +\infty\right[$.

Ainsi si $(x + 5)(2x - 1) \geqslant 0$, alors $x \geqslant -5$, ou $x \geqslant \frac{1}{2}$.

**4. a. b. Faux :** il suffit de considérer la fonction $f$ dont la courbe est donnée ci-dessous :

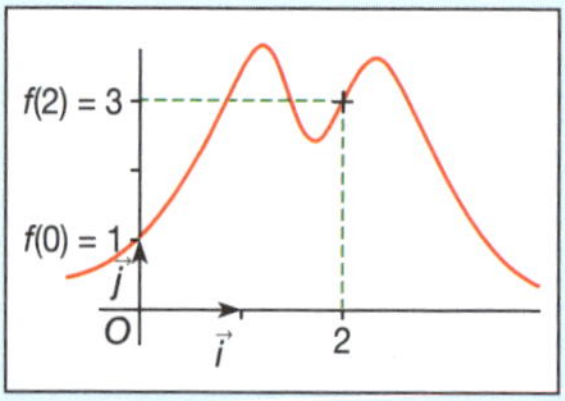


$f(0) \leqslant f(2)$,
mais cette fonction $f$ n'est manifestement pas croissante sur $[0\,;\,2]$.
Pour avoir $f$ croissante sur $[0\,;\,2]$, il aurait fallu avoir : **pour tout réel $a$ et $b \in [0\,;\,2]$** (et pas seulement 0 et 2), si $a \leqslant b$ alors $f(a) \leqslant f(b)$.

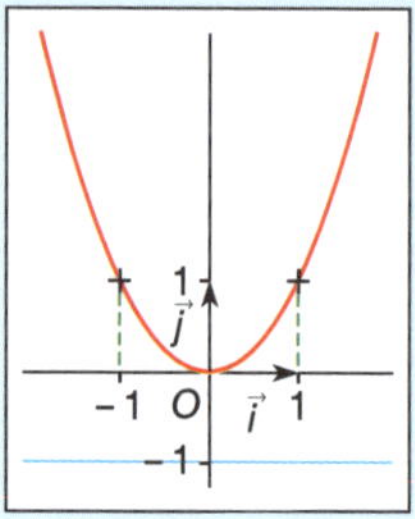


Pour tout $x$, $f(x) \geqslant -1$,
mais $-1$ n'est pas le minimum de $f$ sur $\mathbb{R}$ (0 est le minimum).
$-1$ est un minorant de $f$.
Pour avoir $-1$ minimum de $f$, il aurait fallu que $-1$ soit atteint **(il existe $a \in \mathbb{R}$ tel que $f(a) = -1$)**.

**c. Faux :** il suffit de considérer la fonction $f$ carrée (tracée ci-dessus) : $f$ n'est pas croissante sur $\mathbb{R}$, mais n'est pas non plus décroissante sur $\mathbb{R}$.

**5. Vrai :** Ⓒ $\overrightarrow{AC} = 3\overrightarrow{AB}$

Ⓗ $\overrightarrow{BC} = 2\overrightarrow{AB}$ (*cf. fiche* 30).

On a $\overrightarrow{BC} = \overrightarrow{BA} + \overrightarrow{AC} = -\overrightarrow{AB} + 3\overrightarrow{AB}$ d'après Ⓗ
soit $\overrightarrow{BC} = 2\overrightarrow{AB}$.

**6. Faux :**

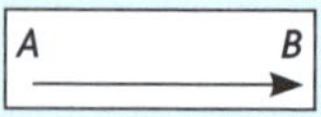


$\overrightarrow{AB}$ et $\overrightarrow{CD}$ sont bien colinéaires

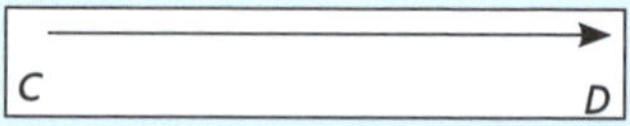


($\overrightarrow{CD} = 2\overrightarrow{AB}$), mais $ABDC$ n'est manifestement pas un parallélogramme.

Pour caractériser $ABDC$ parallélogramme, il aurait fallu écrire :
si $\overrightarrow{AB} = \overrightarrow{CD}$, alors $ABDC$ est un parallélogramme.

**7. Faux :** les droites $(AC)$ et $(EF)$ sont situées dans deux plans parallèles du cube (et n'ont pas de point commun), mais ne sont pas parallèles (car non coplanaires).

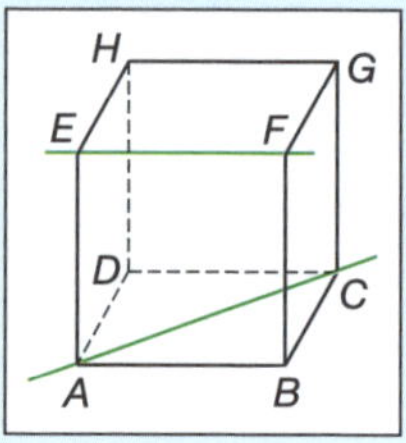

# Comprendre un algorithme

Fiche 61

## LE COURS

Un algorithme est une suite d'instructions simples pour résoudre un problème. Il permet en un nombre fini d'étapes de transformer des données initiales en un résultat voulu.

Un algorithme est toujours organisé en trois étapes :

**1re étape :** entrée des données ;

**2e étape :** traitement ou corps principal souvent constitué de boucles permettant de répéter une même instruction un nombre fini de fois (*cf. fiche* 52) ;

**3e étape :** sortie du résultat.

## EXERCICE TYPE CORRIGÉ

Que fait l'algorithme ci-dessous ?

**Instructions d'entrée :** demander le nombre de parties à jouer et stocker ce nombre dans la variable *n*.

**Traitement**

```
  Affecter à S un nombre entier au hasard entre 10 et 100
  Affecter à essai la valeur 1
     Tant que essai est inférieur ou égal à n
        demander la valeur de D et la stocker dans la variable D
           Si D est supérieur à S alors
                Afficher « c'est moins »
           Si D est inférieur à S alors
                Afficher « c'est plus »
           Si D = S alors
                Afficher « gagné »
                fin de programme
           Fin si
        essai prend la valeur essai+1
     Fin tant que
```

**Instructions de sortie**

Afficher « perdu ».

# Corrigé

Pour comprendre ce que fait un algorithme, le plus simple est d'identifier les variables ; puis de le faire tourner « à la main » en affectant des valeurs différentes aux variables.
Il y a quatre variables : la variable $n$ qui est le nombre de parties à jouer (par exemple, 4) ; la variable $S$ qui est un nombre entier choisi au hasard entre 10 et 100 (par exemple, 48) ; la variable essai qui est un compteur permettant d'écrire une condition d'arrêt de la boucle « tant que » (essai commence à 1) ; et la variable $D$ qui est un nombre demandé au joueur.

On rentre une 1re fois dans la boucle « tant que » (essai = 1 et $1 \leqslant 4$) :
on demande $D$ : le joueur propose 34 ;
on rentre dans l'instruction si :
comme $D < S$, il s'affiche « c'est plus » et on sort de l'instruction si ;
essai prend la valeur 2 et on sort de la 1re boucle.
On rentre une 2e fois dans la boucle « tant que » (essai = 2 et $2 \leqslant 4$) :
on redemande $D$ : le joueur propose 56 ;
on rentre dans l'instruction si :
comme $D > S$, il s'affiche « c'est moins » ; on sort de l'instruction si ;
essai prend la valeur 3 et on sort de la 2e boucle ; ...

L'algorithme tourne jusqu'à ce que soit le joueur trouve la bonne valeur de $S$, soit jusqu'à ce qu'essai prenne la valeur 5.
On suppose que le joueur propose ensuite $D = 40$, puis $D = 45$, alors :
essai prend la valeur 5 et on sort de la 4e boucle ; on ne peut pas rentrer à nouveau dans la boucle « tant que » (essai = 5 et $5 > 4$).
Alors il s'affiche « c'est perdu » et le programme s'arrête.

| | **Étape 0** | **Boucle 1** | **Boucle 2** | **Boucle 3** | **Boucle 4** |
|---|---|---|---|---|---|
| ***D*** | | 34 | 56 | 40 | 45 |
| **essai** | 1 | 2 | 3 | 4 | 5 |
| **« essai ⩽ 4 »** | $1 \leqslant 4$ | $2 \leqslant 34$ | $3 \leqslant 56$ | $4 \leqslant 4$ | $5 > 4$ |
| **Sortie** | | « c'est plus » | « c'est moins » | « c'est plus » | « c'est perdu » |

**C'est manifestement un algorithme de jeu : le joueur doit deviner en *n* coups un entier compris entre 10 et 100 choisi par l'ordinateur ; pour cela, il sait si le nombre qu'il propose est plus petit ou plus grand que le nombre à deviner.**

On peut utiliser deux types de boucles itératives : la boucle « pour compteur de 1 à $n$ faire » (lorsqu'on connaît le nombre $n$ de boucles à faire *a priori*) ou la boucle « tant que condition donnée faire ». Ici, on aurait tout aussi bien pu utiliser l'instruction « pour essai de 1 à $n$ faire » à la place de « tant que essai est inférieur ou égal à $n$ ».